콘크리트 실무 매뉴얼 KCI PM204.1-10

매스콘크리트 온도균열제어

매스콘크리트위원회

사단법인 한국콘크리트학회
Korea Concrete Institute

발간사

우리 학회가 창립된 지가 벌써 20년이 넘게 지났습니다. 그동안 우리 학회는 모든 분야에서 창립 때보다는 크게 성장하였습니다. 저술 분야에 있어서도 초창기에 학회지, 논문집 및 Newsletter 발간을 시작으로, 그 후 여러 단행본에 이르기까지 콘크리트 관련 책자들을 출판하였습니다. 이와 더불어 연구 활동도 크게 신장되어 40개의 연구전문위원회에 의해 토론, 연구가 활발히 진행되고 있으며, 콘크리트 관련 연구도 다수 수행하여 많은 연구 보고서가 출판되었습니다.

학회 이사회에서는 지난 2009년 학회 창립 20주년을 계기로 이러한 학회의 연구활동과 저술활동을 체계적으로 추진하고, 보다 근본적인 우리만의 연구 내용을 담기 위하여 '콘크리트실무지침편찬특별위원회'를 구성하기로 하였습니다. 이 특별위원회가 기획하고 지난 2년 동안 해당 연구전문위원회가 노력하여 오늘 이와 같은 5종의 실무 매뉴얼을 최초로 출판하게 되었습니다. 우리 학회가 참조로 한 것은 ACI 각 연구전문위원회가 준비하여 출판하는 6권의 ACI Manual of Concrete Practice로서 우리 학회도 앞으로 각 연구전문위원회가 활동하여 얻은 연구 결과들을 한데 묶어 이러한 책자를 발간하고자 하는 것입니다. 따라서 이번에 5종의 실무 매뉴얼이 출판됩니다만 이것이 마지막이 아니고 시작일 뿐입니다. 그리고 한번 출판된 실무 매뉴얼들도 각 해당 연구전문위원회에서 계속적으로 수정, 보완하는 방법으로 개정할 것입니다.

끝으로 지난 2년 동안 어려운 여건 속에서도 열심히 노력하시어 우리 학회 최초로 실무 매뉴얼을 준비하여 주신 특수환경콘크리트위원회(위원장 장봉석), 매스콘크리트위원회(위원장 차수원), 고성능콘크리트위원회(위원장 고경택), 균열위원회(위원장 김윤용), 콘크리트시공기술위원회(위원장 김순환) 등 각 매뉴얼 작성 위원장님과 위원님들에게 깊은 감사의 말씀을 드립니다. 그리고 이러한 뜻깊은 일을 더욱 뜻깊게 하기 위하여 실무 매뉴얼 발간 사업은 회원 여러분의 기부금으로 이루어졌기에 도와주신 회원 여러분에게도 이 기회를 빌려 감사드립니다. 마지막으로 오늘 이 작은 출발이 10년, 20년 후에 우리나라 콘크리트 분야 발전에 큰 계기가 될 수 있기를 바랍니다.

2010. 12

사단법인 한국콘크리트학회

실무지침편찬특별위원회 위원장 김 상 식

학 회 회 장 (11대) 김 진 근

머리말

매스콘크리트 분야는 우리나라뿐만 아니라 미국, 일본의 경우도 마찬가지로 댐, 항만, 공항, 도로 및 철도시설과 같은 대규모 사회기반시설을 건설하면서 학계의 연구와 산업체의 기술개발이 본격화되었습니다. 미국의 경우 20세기초부터 댐 건설 분야에서 축적된 콘크리트 기술을 널리 알리고, 새로운 정보를 교환할 목적으로 1930년에 우리 전문위원회와 유사한 성격을 가진 ACI 207 Committee가 결성되었고, 이 시기에 Hoover Dam, Morris Dam 등에서 저열 시멘트와 파이프쿨링 공법이 최초로 개발되어 적용되었습니다. 우리나라의 경우도 1970년대부터 대(大)댐을 건설하면서 중용열 시멘트, 파이프쿨링 공법 등 매스콘크리트에 대한 시공 및 연구가 시작되었습니다. 1990년대부터 현재까지 인천공항, 경부고속철도, 서해대교, 인천대교, 거가대교, 시화조력발전소 등과 같은 대규모 사회기반시설이 계획, 시공되면서 매스콘크리트 분야의 연구는 재료적 측면에서 4종 저발열 시멘트 및 3성분계 저발열 시멘트의 개발 및 적용, 해석적 측면에서 수화열 해석 전용 프로그램의 개발, 온도균열제어를 위한 공법 및 설계 기술의 발전을 이루어 왔습니다. 매스콘크리트 위원회(KCI-204)는 2003년도에 전문위원회가 구성되어 각 위원들의 활발한 활동으로 국가 주요시설물의 품질 및 내구성능을 향상시키는 데 기여해 왔다고 생각합니다.

지난 40년간 우리나라 매스콘크리트 분야는 많은 연구결과 및 기술성과를 이루어 왔으며 이에 대한 수많은 자료가 산재해 있으나, 매스콘크리트위원회는 체계적으로 정리된 매뉴얼의 필요성을 느끼게 되어 그동안의 성과를 바탕으로 현장 실무기술자들이 참고할 수 있는 '매스 콘크리트 온도균열 제어' 매뉴얼을 집필하게 되었습니다. 본 매뉴얼에서는 매스콘크리트의 수화열 및 온도균열 발생 메커니즘에 대한 설명과 설계 및 시공 전반에 걸쳐 온도균열을 최소화하는 데 필요한 기술을 망라하였습니다. 또한 온도균열 위험성을 파악하는 유한요소법에 의한 해석절차와 최근의 대형 국책 사업에서 온도균열 제어 기술에 대한 사례를 포함하였습니다. 설계 분야뿐만 아니라 토목 및 건축 시공현장에서 가장 많은 고민을 하는 기술적인 문제가 온도균열 제어에 관한 것이라고 생각되며, 본 매뉴얼이 실무기술자의 기술 선택에 있어 조금이나마 도움이 되길 바랍니다.

바쁘신 와중에도 흔쾌히 집필을 허락해 주신 대우건설 전세진 박사님, 명지대학교 권승희 교수님, 대림산업 조호진 박사님, 현대건설 조윤구 박사님과 집필에 필요한 자료와 조언을 아끼지 않은 우리 매스콘크리트위원회의 모든 위원님, 특별위원회를 맡으시어 많은 고견을 주신 김상식 전 학회장님을 비롯한 검토 및 심의위원님들께 감사의 말씀을 드립니다.

2010년 12월

매스콘크리트위원회(KCI-204) 위원장 차 수 원

집필위원

집필책임자	차수원(울산대학교)
집 필 위 원	권승희(명지대학교), 조윤구(현대건설), 조호진(대림산업), 전세진(대우건설)

검토위원

검 토 위 원	김상철(한서대학교), 이광명(성균관대학교), 하재담(쌍용양회공업(주)기술연구소)

심의위원

위 원 장	김 우(전남대학교)
위 원	김상식(인하대학교), 박홍근(서울대학교), 변근주(연세대학교), 양주경(청운대학교), 연규석(강원원주대학교), 이재훈(영남대학교), 이차돈(중앙대학교), 정영수(중앙대학교)

기획 / 실무지침편찬특별위원회

위 원 장	김상식(인하대학교)
간 사	이차돈(중앙대학교)
위 원	김상철(한서대학교), 박홍근(서울대학교), 신현목(성균관대학교), 이광명(성균관대학교), 이재훈(영남대학교), 최동욱(한경대학교)

차 례

8장 냉각 및 단열 시스템

9장 시공 사례

01 장 서론

1.1 목적

콘크리트 구조물의 대형화 및 시공 방법의 진보에 따라 대량의 급속 시공이 증가하여 시멘트의 수화열에 의한 구조물의 온도 변화가 유발하는 온도응력이 구조물에 균열을 발생시키거나 구조물 설계에서 무시할 수 없는 영향을 주는 경우가 빈번히 나타나고 있다. 수화열에 의한 온도 균열의 문제는 콘크리트 댐 또는 부재 치수가 특별히 큰 콘크리트 구조물에만 발생하는 것으로 생각하여 왔지만, 사용 재료나 시공 조건에 따라서는 비교적 치수가 작은 구조물에서도 유해한 균열이 생기는 사례가 적지 않다. 지금까지의 온도 균열 제어 대책은 적절한 재료, 배합설계, 비비기 온도 및 양생 방법을 선정하여 균열 발생을 방지하고자 하는 노력이 주를 이루었지만, 균열 발생을 완전히 방지하고자 할 경우 불합리하거나 비경제적인 설계 및 시공이 되는 경우도 있다.

미국 ACI 116R에서는 매스 콘크리트를 "구조물의 크기가 커서 시멘트의 수화열에 의한 체적 변화로 야기되는 균열을 최소화하기 위해 대책이 필요한 구조물"로 규정하고 있다. 매스 콘크리트 구조물의 설계는 일반적으로 내구성, 경제성, 열적 거동 등을 우선적으로 고려하여 설계하고 강도는 대체로 차순위로 고려된다.

매스 콘크리트 구조물과 일반 구조물을 구별하는 특징은 열적 거동이다. 시멘트와 물의 반응은 발열성이기 때문에 구조물의 크기가 큰 매스 콘크리트에서는 수화열의 외부 배출이 빠르지 않아서 내부의 온도가 매우 높아지게 된다. 이러한 수화열이 소산되면서 온도가 하강하게 되면 구조물의 체적이 변하게 되고, 이 체적 변화가 구속되면 매우 큰 인장 변형 및 응력이 발생하게 된다. 온도 거동으로 인해 발생된 균열은 구조물의 건전성과 일체성을 약화시키고 과도한 누수 발생, 내구 수명의 감소, 미관 불량 등이 야기되므로 적절한 제어 방안이 필요하다. 또한 균열 발생을 허용하는 경우에 있어서도 그 발생 위치 및 폭을 제어하여 내구성 등 콘크리트 구조물의 소요 기능을 손상시키지 않도록 하는 것이 중요하다. 이러한 대책은 설계와 시공 관련자들의 충분한 협력 하에서 실시하는 것이 중요하다.

이 매뉴얼에서는 시멘트의 수화열에 기인한 온도응력이 문제가 되는 콘크리트를 매스 콘크리트로 다루어, 시공 방법뿐 아니라 시멘트의 수화열에 의한 온도응력 및 온도 균열의 검토 방법과 적절한 시공 방법에 대한 일반적인 표준을 제시하고자 한다.

1.2 적용 범위

매스 콘크리트가 아닌 일반 콘크리트 구조물의 경우 수화열은 빠른 시간 내에 소산되고 구조물의 내부와 외부의 온도 차이도 크지 않다. 예를 들어 150 mm 두께의 콘크리트 벽체의 경우 내부와 외부의 온도 차이가 있더라도 1시간 반 정도면 내외부의 온도가 같아지는 반면, 1.5 m 두께의 벽체의 경우는 2년의 시간이 걸릴 수도 있다. 152 m 두께의 댐 구조물은 같은 정도의 온도 평형을 이루는 데 200년 정도의 시간이 걸릴 것으로 추정된다.

매스 콘크리트의 온도 균열 제어 방법은 온도응력이 처음으로 확인된 콘크리트 댐 건설로부터 발전되었지만, 온도 균열은 댐 구조물 외에도 매트 기초, 파일 두부, 교량의 교각, 두꺼운 벽체, 터널 라이닝 등과 같은 단면이 두꺼운 구조물에서도 발견되었다.

콘크리트 표준시방서(2009)에서는 매스 콘크리트로 다루어야 하는 구조물의 부재 치수를 일반적인 표준으로서 넓이가 넓은 평판 구조의 경우 두께 0.8 m 이상, 하단이 구속된 벽조의 경우 두께 0.5 m 이상으로 한다. 그러나 프리스트레스트 콘크리트 구조물 등 부배합의 콘크리트가 쓰이는 경우에는 더 얇은 부재라도 구속 조건에 따라 적용 대상이 된다.

이 지침은 콘크리트 표준시방서에서 규정하는 매스 콘크리트 구조물에 적용하기 위해 작성되었으나 두께가 상대적으로 얇은 구조물에 대해 적용하여도 무방하다.

1.3 온도 및 온도 균열 제어

1.3.1 온도 경사 및 온도 제어

매스 콘크리트에서 체적의 변화는 변형률과 응력을 유발하게 된다. 이러한 체적의 변화를 일으키는 기본적인 이유는 시멘트의 수화열로 인한 온도의 발생과 소산, 외부 대기 온도의 주기적 변화에 있다. 결과적으로, 콘크리트 체적의 변화를 감소시키는 방법으로 시멘트의 수화열로 인한 온도 발생을 줄이거나 콘크리트의 초기 타설 온도를 낮추는 방안을 고려할 수 있다.

특정한 경로 또는 구조물의 특정 단면에서 온도 변화를 온도 경사(thermal gradient)라 정의한다. 온도 경사는 구조물 내부의 특정한 경로에 대한 온도의 시간에 따른 변화를 파악하여 결정할 수 있으며, "체적 온도 경사"와 "단면 온도 경사"로 구분할 수 있다.

"체적 온도 경사"는 매스 콘크리트 구조물이 전체적으로 온도가 상승하였다가 하강하는 온도 차이를 의미한다. 매스 콘크리트 구조물 내부의 온도는 초기 수화열에 의해 최고 온도에 도달하고 장기적으로는 연평균 기온까지 냉각되어 이후 온도 평형에 도달하게 된다. 이렇게 장기적으로 온도의 발생과 소산에 의해 체적의 증감을 유발하는 온도 변화량을 "체적 온도 경사"라 할 수 있다. 매스 콘크리트의 역학적 특성, 외부 구속체, 구조물 형상에 따른 매스 콘크리트와 외부 구속체 사이의 부착 성능 등의 조건에 따라 매스 콘크리트 구조물에서의 균열 발생 여부가 결정된다.

매스 콘크리트 내부의 온도는 상대적으로 천천히 변화하는 반면, 외부 대기에 노출되어 있는 표면은 온도 변화가 매우 빠르다. 따라서 한 단면 내에서 내부와 표면의 온도 차이가 발생되는데, 이러한 부등 온도 분포를 "단면 온도 경사"라 한다. 표면의 온도가 빠르게 감소하게 되면 인장응력이 유발되고 표면부에 균열이 발생하게 된다. 일반적으로 "단면 온도 경사"에 의한 균열은 깊이가 얕은 것으로 알려져 있지만, 표면 균열이 구조물에 깊숙이 진전되고 "체적 온도 경사" 또는 다른 외부의 하중 조건이 "단면 온도 경사"와 중첩되는 경우에 매스 콘크리트 구조물은 균열에 더욱 취약한 상태에 놓이게 된다.

대기에 노출된 표면부의 거동은 외부 대기 온도의 일일 변화와 계절에 따른 변화에 큰 영향을 받게 된다. 콘크리트 표면의 온도는 외부 대기의 온도와 거의 같다고 볼 수 있고, 따라서 표면에서 콘크리트의 온도 변화는 하루 동안의 대기 온도 변화와 같다. 표면으로부터 0.6 m 깊이에서 콘크리트의 온도 변화는 대기 온도 하루 변화량의 10 퍼센트 정도로 매우 작다. 매스 콘크리트 내부의 경우는 장기간에 걸친 외부 대기의 온도 변화(예를 들어 계절에 따른 온도 변화)보다도 훨씬 적은 온도 변화를 나타내게 된다.

응력의 변화도 온도 변화의 양상과 비슷하게 일어난다. 표면의 온도가 1년 동안 55 ℃ 정도 변화하는 경우 균열 발생 전 콘크리트의 탄성계수가 2.8×104 MPa 이라면, 표면은 대략 인장 또는 압축으로 7 MPa 정도의 응력이 발생하게 된다. 압축의 경우 7 MPa의 응력은 문제가 되지 않으나 인장의 경우 인장강도를 초과하는 응력이므로 균열이 발생하게 된다. 표면으로부터의 거리가 멀어질수록, 즉 매스 콘크리트의 내부로 갈수록 온도 변화의 폭이 크게 감소하기 때문에 응력의 변화도 내부로 갈수록 적어지게 된다. 따라서 균열은 표면과 표면에 가까운 일부 영역에만 발생하게 되는 것이 일반적이다.

내부와 외부 대기 온도 사이의 차이가 가장 클 때 거푸집을 제거하는 경우 표면에서의 균열을 피할 수 없게 되는데, 이 또한 앞에서 언급한 균열 발생에 대한 표면 온도 변화의 영향으로 설명할 수 있다. 이 현상을 "온도 충격(thermal shock)"이라고도 하는데, 단열재 역할을 하는 거푸집이 매우 추운 날씨에 제거되었을 때 발생하게 된다. 최근에는 강재 거푸집이 많이 사용되면서 콘크리트의 표면 온도가 대기의 온도와 가깝게 유지되어 거푸집 제거에 따른 급격한 온도 변화는 줄일 수 있게 되었다. 그러나 이러한 온도 충격은 초기 재령에서 거푸집을 통과하여 전달되는 낮은 온도에 의해서도 발생할 수 있다. 이런 경우 열전달을 막을 수 있는 공기층을 형성해 주거나, 또는 단열재를 이용하여 강재 거푸집이 사용되는 곳에서 콘크리트 표면을 보호해 주어야 한다. 표면 균열을 막기 위한 단열의 필요성 및 거푸집 제거 시기는 외부 대기의 온도 및 콘크리트의 강도에 따라 다르게 된다.

1.3.2 온도 균열 제어

시멘트가 경화되면서 열을 발생하지 않거나 콘크리트가 온도 변화에 따른 변형이 발생하지 않고, 또는 콘크리트의 강도가 발현되지 않는 경우 수화열을 제어할 필요는 없을 것이다. 많은 실제 사례에서 수화열 발생과 이에 따른 온도 상승은 콘크리트 타설 직후부터 콘크리트가 경화되지 전까지 빠르게 일어난다. 콘크리트가 경화되기 전에는 강성이 거의 없으므로 온도 변형에 의한 응력도 거의 발생하지 않는다. 콘크리트의 온도가 며칠 동안 지속적으로 상승하고 또 콘크리트의 강성이 이와 함께 증가하는 상황일지라도 타설된 콘크리트가 다음과 같은 조건에 놓이게 되며 큰 문제가 되지 않는다.

① 최고 상승 온도가 오랜 시간 후 평형상태에 놓일 때의 온도와 비슷하게 제어되는 경우

② 구조물의 표면부를 포함하여 전체 구조물이 동일한 온도로 유지되는 경우, 즉 콘크리

트의 내·외부 온도차가 없는 경우

③ 구속 조건이 없는 경우(또는 상부의 매스 콘크리트와 동일하게 수축 또는 팽창할 수 있는 기초로 지지되는 경우)

④ 크리프로 인해 발생되는 응력이 이완되는 경우

⑤ 강성이 없는 경우

그러나 실제에서 이러한 조건은 있을 수 없다. 첫 번째와 두 번째 조건은 많은 현장에서 어느 정도는 실현될 수 있다. 세 번째 조건은 가장 얻기 힘든 조건이다. 매우 중요한 구조물의 경우 상부 매스 콘크리트를 타설하기 전에 이미 타설된 기초 콘크리트에 열을 가하여 구속 효과를 어느 정도 저감시킬 수는 있지만 이마저도 구조물의 크기가 크면 실현하기 어려운 방법이다. 네 번째와 다섯 번째 조건은 낮은 강도의 콘크리트를 사용하고 열팽창계수와 탄성계수가 작은 골재를 사용하면 어느 정도는 실현될 수 있다.

콘크리트의 배합, 부재의 형상, 외부 환경에 따라 정도는 다르지만 모든 콘크리트 부재 및 구조물에서 부피의 변화가 발생하게 된다. 외부의 구속이 없고 변형이 구조물 또는 부재 내에서 일정하게 일어나면 균열은 발생하지 않을 것이다. 그러나 매스 콘크리트의 경우 부재가 매우 크기 때문에 단면 내 변형이 큰 차이를 나타내게 되고 내부 또는 외부의 구속 효과로 인하여 균열이 쉽게 발생할 수 있다.

균열 발생을 제어하기 위한 방법은 경제적 효용성과 균열이 제어되지 않았을 때 초래될 수 있는 문제의 심각성을 고려하여 결정하게 된다. 일반적으로 균열의 폭과 간격이 콘크리트 강도, 안정성, 사용성, 내구성, 구조물의 미관에 악영향을 줄 것으로 예측되면 사전에 균열을 제어하기 위한 조치가 취해져야 한다.

균열은 모든 구조물에서 최소의 허용범위 이내로 제어되어야 하고, 동시에 사용될 제어 방법에 대한 경제성 검토도 필요하다. 수화열에 의한 콘크리트의 부피 변화는 단위 시멘트양의 감소, 시멘트의 일부를 포졸란 재료(플라이 애쉬, 고로 슬래그 등)로 치환, 사전 또는 사후 냉각 방법 적용, 열흡수 또는 방출 속도를 제어하기 위한 단열 공법 적용 등을 통해 최소화할 수 있다. 외부의 구속 효과는 수축과 팽창을 허용하는 줄눈을 설치하거나 온도에 의한 변형의 크기를 조절하여 완화시킬 수 있다. 시공줄눈 또한 균열을 줄이는 데 사용될 수 있을 것이다. 이러한 기존의 방법들을 적절히 고려하여 균열을 제어하거나 또는 균열폭의 크기를 최소화할 수 있다.

그러나 이와 같은 조치를 취하더라도 온도 균열을 완전히 방지할 수 없는 경우도 있다. 매스 콘크리트의 온도 상승, 온도응력 및 이에 따라 발생하는 균열폭에 영향을 미치는 설

표 1.1 설계인자와 온도 균열 제어인자

설계인자	온도 상승	온도응력	균열폭
부재 단면	◎	◎	◎
여러 가지 이음		◎	◎
철근 배치			◎
설계기준압축강도	◎	○	○

◎ : 큰 영향, ○ : 보통 영향

계인자로는 구조 형식, 부재 단면, 여러 가지 이음의 위치 및 구조, 배근, 콘크리트의 설계기준압축강도 등이 있으며, 이들의 상호관계는 표 1.1에 제시한 바와 같다. 매스 콘크리트 구조물을 설계할 때 그 구조물의 사용 목적에 따라 온도나 균열폭의 허용 값을 정하여 그 범위 내로 제어되도록 설계상의 여러 가지 인자를 적절히 조절하는 것이 좋다.

이상의 방법들은 어느 것이든지 공사비를 증가시킬 수 있기 때문에 그 효과와 경제성을 종합적으로 판단하도록 한 것이다. 이 가운데 온도 철근은 제어 목적에는 충분한 효과가 있지만 일반적으로 상당한 양의 철근을 배치할 필요가 있으므로, 설계나 경제성의 검토뿐만 아니라 콘크리트 타설에 장해가 되지 않도록 시공 측면에서의 검토도 필요하다.

매스 콘크리트의 온도 균열 발생에 대한 검토는 온도 균열 지수에 의해 평가하는 것을 원칙으로 한다.

정밀한 해석 방법에 의한 온도 균열 지수는 식(1.1)과 같이 임의 재령에서 콘크리트 인장강도와 수화열에 의한 온도응력의 비로 구한다.

$$\text{온도 균열 지수 } I_{cr}(t) = \frac{f_{sp}(t)}{f_t(t)} \tag{1.1}$$

여기서, $f_t(t)$: 재령 t일에서 수화열에 의하여 생긴 부재 내부의 온도응력 최대 값.(MPa).

$f_{sp}(t)$: 재령 t일에서 콘크리트의 쪼갬인장강도로서, 재령 및 양생 온도를 고려하여 구함(MPa).

온도 균열 지수의 산정에 필요한 임의 재령에서 온도응력 해석은 유한요소법 등과 같은 정밀한 방법을 사용할 수 있다.

온도 균열 지수는 구조물의 중요도, 기능, 환경 조건 등에 대응할 수 있도록 선정하여야 하며, 철근이 배치된 일반적인 구조물의 표준적인 온도 균열 지수의 값은 다음과 같다.

㉠ 균열 발생을 방지해야 할 경우 : 1.5 이상

㉡ 균열 발생을 제한할 경우 : 1.2 ~ 1.5

㉢ 유해한 균열 발생을 제한할 경우 : 0.7 ~ 1.2

높이가 낮은 옹벽과 같이 중요도가 낮고 또한 이제까지의 수많은 시공 경험에서 문제가 없었던 사실이 알려진 콘크리트 구조물은 온도 균열 발생에 대한 특별한 검토를 실시하지 않고 시공하여도 좋도록 하였다. 또 중요성이 큰 구조물이라도 철도나 도로의 철근 콘크리트 고가교 등과 같이 동일한 종류의 구조물이 수없이 많이 시공되었거나 시공되고 있는 구조물에 대해서도 유해한 균열이 발생하지 않는다는 사실이 기존의 시공 실적으로부터 실증되어 있는 경우에는 특별히 검토를 하지 않아도 좋다. 매스 콘크리트에서 균열 발생의 방지 또는 균열 발생 위치나 균열폭의 제어가 필요한 구조물은 실제의 사용 재료, 시공 방법, 환경 조건 등을 고려하여 온도 변화, 온도응력의 계산을 실시하여 이것으로부터 온도 균열 지수를 구해 균열 발생의 가능성을 평가하는 것으로 하였다.

온도응력의 검토를 필요로 하는 구조물의 경우에는 구체적으로 균열 발생에 대한 안전성의 척도를 정해 둘 필요가 있다. 이 척도를 나타내는 온도 균열 지수는 원칙적으로 식 (1.1)에 나타낸 콘크리트의 강도와 응력의 비로 구하는 것으로 하였다.

온도 균열 지수는 재령에 따라 변화하므로 재령을 변화시키면서 가장 작은 값을 구해야 한다. 수밀성, 기밀성, 내구성 등이 중요한 구조물에서의 온도 균열 지수는 식 (1.1)을 사용하여 구하는 것을 원칙으로 한다. 그러나 이 방법은 다소 까다로운 계산을 실시해야 하는 점이 있으므로 간이적으로 온도 계산을 실시하여 그 결과를 바탕으로 균열 발생에 대한 안전성을 구해도 좋다. 이에 대해 여러 가지 계산법이 제안되고 있으나, 일반적으로 식 (1.2) 및 식 (1.3)을 널리 사용하고 있으므로 여기에 수록하였다. 온도에 대한 해석이나 계측 결과만이 있을 경우 이러한 간이적인 방법으로 온도 균열 지수를 구할 수도 있으나, 이는 실제보다 낮은 온도 균열 지수를 산출하는 경향이 크므로 참고자료 정도로 활용함이 바람직하다.

① 연질의 지반 위에 타설된 평판 구조 등과 같이 내부 구속 응력이 큰 경우

$$I_{cr} = \frac{15}{\Delta T_i} \tag{1.2}$$

여기서, ΔT_i : 내부 온도가 최고일 때 내부와 표면과의 온도차(℃)

② 암반이나 부피가 큰 콘크리트 위에 타설된 벽체나 평판 구조 등과 같이 외부 구속 응력이 큰 경우

$$I_{cr} = \frac{10}{(R\Delta T_0)} \tag{1.3}$$

여기서, ΔT_0 : 부재의 평균 최고 온도와 외기 온도와의 온도차(℃)

R : 외부 구속의 정도를 표시하는 계수로서 다음과 같다.

㉠ 비교적 연한 암반 위에 콘크리트를 타설할 때 : 0.50

㉡ 중간 정도의 단단한 암반 위에 콘크리트를 타설할 때 : 0.65

㉢ 경암 위에 콘크리트를 타설할 때 : 0.80

㉣ 이미 경화된 콘크리트 위에 타설할 때 : 0.60

온도 균열 지수는 그 값이 클수록 균열이 발생하기 어렵고 값이 작을수록 균열이 발생하기 쉽다. 일반적으로 온도 균열 지수가 작으면 발생하는 균열의 수도 많아지고 균열폭도 커지는 경향이 있다. 균열폭이 커지는 경우에는 철근에 의해 균열폭을 제어해야 할 수도 있다.

지금까지의 실험과 시공할 때의 관측 사례 결과를 정리하여 작성한 온도 균열 발생 확률과 온도 균열 지수와의 대략적인 관계는 해설 그림 1.1에 나타내었다. 개개의 콘크리트 구조물에 대한 목표 온도 균열 지수를 결정할 때 그림 1.1을 참고로 하면 구조물의 중요도, 기능, 환경 조건 등에 대응할 수 있도록 적절한 값을 선정할 수가 있다.

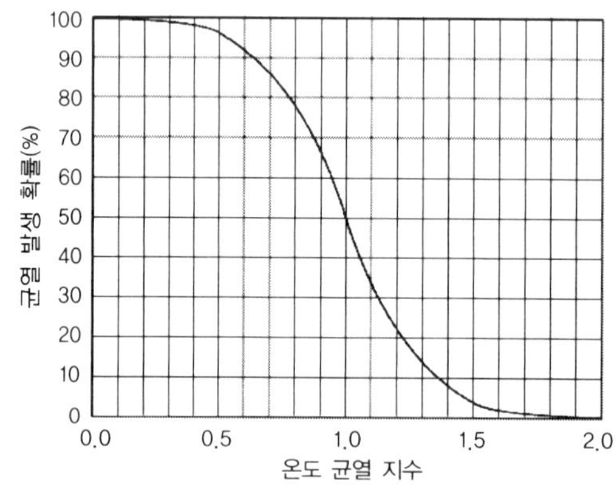

그림 1.1 **온도 균열 지수와 균열 발생 확률**

02 장

재료 및 배합

2.1 일반 사항

매스 콘크리트는 다른 일반적인 콘크리트와 마찬가지로 시멘트, 골재, 물 그리고 포졸란 등의 혼화재료로 구성되어 있다. 매스 콘크리트 배합설계의 목적은 경제성, 워커빌리티, 안정성, 균열 저항성, 낮은 온도 상승량, 적절한 강도, 내구성, 낮은 침투성(수처리 구조물 등) 등 구조물의 요구 조건을 만족시키도록 재료 조합을 선택하는 것이다. 이 장은 매스 콘크리트 구조물에 성공적으로 사용된 재료들과 이들 재료의 선택 및 배합의 영향인자에 대해 서술한다.

2.2 시멘트

현재 한국산업규격(KS)에 규정되어 있는 시멘트는 포틀랜드 시멘트로서 보통, 중용열, 조강, 저열 및 내황산염 등 5종류가 있고, 혼합 시멘트로서는 고로 슬래그, 플라이 애쉬 및 포졸란 시멘트 등이 있다. 이들 시멘트는 고유한 특징과 품질을 가진다. 따라서 공사에 사용할 시멘트를 선정할 때에는 구조물의 종류, 단면 치수, 위치, 기상 조건, 공사의 시기와 공사 기간 및 시공 방법 등에 적합한 품질의 콘크리트를 경제적이고 안정적으로 얻을 수 있는 시멘트를 선정할 필요가 있다.

매스 콘크리트에는 수화열 저감을 위해 KS L 5201의 저발열형 시멘트인 저열 포틀랜드 시멘트 및 중용열 시멘트, KS L 5210의 고로 슬래그 시멘트, KS L 5211의 플라이 애쉬 시멘트 등과 같이 고로 슬래그 미분말, 플라이 애쉬 등이 혼합된 2성분계 혼합형 시멘트, 또는 KS L 5405의 플라이 애쉬와 KS F 2563의 고로 슬래그 미분말이 동시에 혼합된 3성분계 혼합형 시멘트를 사용하는 것이 바람직하다.

ACI에서는 매스 콘크리트 구조물에 적합한 시멘트의 종류를 다음과 같이 정해놓고 있다.

- 포틀랜드 시멘트 ; ASTM C 150의 Type Ⅰ, Ⅱ, Ⅳ, Ⅴ
- 혼합 시멘트 ; ASTM C 595의 Type P, IP, S, IS, I(PM) and I(SM)
- 수경성 시멘트 ; ASTM C 1157의 Type GU, MS, HS, MH, LH

포틀랜드 시멘트가 포졸란계 재료나 다른 시멘트와 함께 사용될 경우, 각각은 배합 플랜트에서 개별적으로 혼합하는 경우에는 첨가하는 석고 종류가 다르기 때문에 사전에 특성을 검토해야 한다. 시멘트 총 사용량을 가능한 작게 제한함으로써 경제성과 온도 저감 효과가 동시에 가능하다.

Type Ⅰ과 GU 시멘트는 일반적인 구조물 시공에 적합하다. 이들은 수화열이 상당히 높기 때문에 온도를 저감할 수 있는 다른 방법들의 적용 없이 단독으로 사용되는 것은 적절하지 않다.

Type Ⅱ(중용열 포틀랜드 시멘트)와 MH 시멘트는 수화열이 저감되어 균열 제어가 중요한 매스 콘크리트 시공에 적합하다. 다만 대부분의 Type Ⅱ와 MH 시멘트는 황산염 저항성을 저감하도록 설계되어 있고 수화열 저감 특성이 없으므로 Type Ⅱ 시멘트 주문할 경우 저열 특성 옵션을 꼭 명시해야 한다. 포틀랜드 시멘트 Type Ⅱ의 시방에 의하면, 초기 발열량에 기여도가 높은 C_3A의 함량이 8퍼센트 이하가 되도록 규정하고 있다. 선택 가능한 추가 시방 사항으로 C_3A와 C_3S의 합계 함량이 58퍼센트를 넘지 않도록 하거나 7일간 발열량을 290 KJ/kg 이하가 되도록 제한한다. ASTM C 150에 따른 시멘트 페이스트의 28일 강도에 대한 규정은 이 시멘트의 상대적으로 낮은 강도 증가율을 고려하여 저감시킨다.

Type Ⅳ(저열 포틀랜드 시멘트)와 LH 시멘트는 부피가 큰 구조물 내부의 발열을 저감하기 위하여 사용된다. 이들 시멘트는 최근에는 거의 사용되지 않는데, 이는 제조가 힘들다는 이유도 있지만 보다 근본적으로는 다른 방법들을 통해 발열량을 조절하는 것이 가능하기 때문이다. Type Ⅳ 시멘트 시방에서는 C_3A의 함량이 8 퍼센트 이하, C_3S의 함량이 35 퍼센트 이하 그리고 C_2S의 함량이 40 퍼센트 이상이 되도록 규정하고 있다. 구매할 경우 선택사항으로 재령 7일간 및 28일간 발열량을 각각 250 KJ/kg, 290 KJ/kg으로 제한할 수 있다. 현재 미국에서 Type Ⅳ 시멘트는 거의 사용되지 않는다.

Type Ⅴ(내황산염 포틀랜드 시멘트)와 HS 내황산염 시멘트는 토양 내 황산 함량이 높은 지역에 적용 가능하며, 열 발생량이 낮은 특성을 가지기도 한다. 이들 시멘트는 Type Ⅰ에 비해 가격이 상대적으로 높다. 이들 시멘트는 알칼리 함량이 낮고 발열량이 적다. 이들 시멘트는 0.6 당량 알칼리 이하로 알칼리 함량이 낮고, 재령 7일간 발열량 290 KJ/kg 이하로 수준이다.

Type IP 포틀랜드 포졸란 시멘트는 포틀랜드 시멘트나 고로 슬래그 시멘트를 포졸란 미분말과 균질하게 혼합한 시멘트이다. Type P는 이와 유사하지만 초기 강도가 상대적으로 낮다. 이 시멘트는 포틀랜드 시멘트 클링커와 포졸란을 혼합분쇄하여 제조하거나 포틀랜드 시멘트나 고로 슬래그 시멘트를 미세하게 분쇄한 포졸란과 혼합하여 제조하기도 한다. 포틀랜드 포졸란 시멘트에서 포졸란 재료의 함량은 15 ~ 40 퍼센트인데, Type P는 일반적으로 포졸란 함량이 높다.

Type I(PM) 포졸란-modified 포틀랜드 시멘트는 포졸란의 함량이 15 퍼센트 이하이고, 특성은 Type Ⅰ 시멘트와 유사하다. Type IP나 I(PM) 시멘트에 추가적으로 재령 7일간 수화열을 290 KJ/kg 이하로 제한할 경우 접미사 (MH)를 붙인다. Type P 시멘트에서 추가적인 재령 7일간의 수화열을 250 KJ/kg 이하로 제한할 경우에는 접미사 (LH)를 붙인다.

Type IS 고로 슬래그 시멘트는 포틀랜드 시멘트와 고로 슬래그 분말을 균일하게 혼합한 시멘트이다. 이 시멘트는 포틀랜드 시멘트 클링커와 분말화된 슬래그를 혼합분쇄하거나 포틀랜드 시멘트를 GGBS(ground granulated blast furnace slag)와 혼합하여 제조한다. 전체 고로 슬래그 시멘트의 중량에서 슬래그가 차지하는 중량은 25 ~ 75 퍼센트에 이른다. 이 시멘트는 간혹 포졸란과 함께 사용된다. Type S 슬래그 시멘트는 분말화된 고로 슬래그와 수화석회를 균질 혼합한 미분말 재료로서, 슬래그 시멘트에서 슬래그 함량이 70 퍼센트 이상이다. 슬래그 시멘트는 일반적으로 콘크리트 제조할 때 포틀랜드 시멘트와 혼합하여 제조한다. 고로 슬래그 시멘트는 일반 포틀랜드 시멘트에 비해서 제조할 때 CO_2가스 배출이 적기 때문에 환경 부하 저감형 재료로 알려져 있고, 가격 또한 일반 시멘트보다 저렴하기 때문에 콘크리트 제조할 때 많이 사용하고 있다. 그러나 고로 슬래그는 재료의 특성상 주변의 온도 상황에 대단히 민감하기 때문에 고온의 환경에 놓이게 되면 일반 시멘트보다도 수화열이 더 많이 발생하는 특징이 있다. 이러한 특성은 고분말도로 갈수록 더 심해지는 경향이 있으므로 주의가 요구된다.

Type I(SM) 슬래그-modified 포틀랜드 시멘트는 슬래그 함량이 25 퍼센트 이하이므로 특성이 Type I 시멘트와 유사하다. Type IP, I(PM), P 와 마찬가지로 수화열에 대한 추가적인 제한사항을 Type IS와 I(SM)에도 적용할 수 있다.

ASTM C 150에 규정된 저알칼리 시멘트는 알칼리양이 0.6 퍼센트 이하인 포틀랜드 시멘트로 정의된다. 이 시멘트는 콘크리트에 사용된 시멘트가 골재와 유해한 반응을 일으킬 때 사용된다. 저알칼리 시멘트를 사용하더라도 반응성이 높은 비정형 규산질 골재와의 반응을 항상 제어할 수 있는 것은 아니다. 따라서 반응을 확실히 제어하기 위해서는 효과가 검증된 포졸란을 사용하는 것이 바람직하다.

2.3 혼화재

혼화 재료는 용도에 따라 적당히 사용할 경우 양질의 콘크리트를 얻을 수 있으므로 그의 사용을 적극 검토해야 한다. 그러나 혼화 재료 중에는 사용 실적이 적거나 KS 규정 등에도 품질 규격이 정해져 있지 않은 것도 많으므로 그 동안의 사용 예에서 효과를 조사하든가 시험을 하여 그 품질을 충분히 확인한 후에 사용해야 한다.

일반적으로 매스 콘크리트에는 포졸란계 혼화재가 사용된다. 포졸란은 그 자체로는 시멘트계 특성을 거의 포함하지 않은 규산질 또는 규산질-알루미나 재료로서 미분말 형태로 존재하며, 수분이 있는 경우 상온에서 포틀랜드 시멘트의 수화반응 중에 생성되는 수산화칼슘 또는 수화석회와 화학적으로 반응하여 시멘트계 재료의 특성을 가지는 화합물을 형성하는 재료로 정의된다. 포졸란의 반응성이 좋아지기 위해서는 포졸란 내의 규산질 요소는 유리나 오팔 같은 비결정형 상태로 있어야 한다. 석영 같은 결정형 규산질 재료는 미세한 분말로 분쇄하지 않는 한 상온에서 석회와 쉽게 합쳐지지 못한다.

매스 콘크리트에서 포졸란의 용도는 시멘트양을 줄여서 경제성을 높이고, 내부 발열량을 낮추고, 시공성을 높이고, 알칼리-골재 반응 및 황산염에 의한 열화 가능성을 경감시킨다. 그러나 포졸란은 종류별로 특성의 변화가 매우 큰 것으로 알려져 있다. 따라서 포졸란을 콘크리트에 사용하기 이전에 사용될 시멘트 및 골재와의 조합 작용을 시험하여 콘크리트의 경제성 및 품질에 유리하게 작용되는지 여부를 검토해야 한다. 포틀랜드 시멘트와 비교할 때, 포졸란 반응에 의한 강도 발현은 재령 초기에는 느리지만 계속적으로 반응이 진행되면서 장기적으로는 더 높아진다. 포틀랜드 시멘트로만 제조된 콘크리트와 포틀랜드 시멘트-포졸란 콘크리트의 강도 발현 특성을 비교하면, 장기 강도를 동일하게 배합한 경우 초기 강도는 포졸란을 혼합한 경우가 더 낮을 것으로 판단된다. 특정 매스 콘크리트의 강도 발현을 일반적인 매스 콘크리트 배합보다 빠르게 할 필요가 있는 경우, 초기 강도가 빨리 발현되도록 함으로 인해 내부 온도가 높아지게 되므로 이를 낮출 수 있는 다른 방법을 적용해야 한다. 만약 알칼리-골재 반응의 위험성이 존재하여 포졸란 재료가 사용되면 시멘트 양을 추가하여 강도 발현을 촉진할 수 있다.

미국의 ASTM C 618에서는 포졸란을 천연 포졸란(Class N)과 플라이 애쉬(Class F, Class C)로 분류하고 있다. Class C 플라이 애쉬 등과 같은 포졸란은 포틀랜드 시멘트와 유사하게 많은 화합물을 포함하고 있다. Class C 플라이 애쉬는 자체적으로 시멘트계 특성을 가지고 있으므로 콘크리트의 강도에 크게 기여한다.

천연 포졸란 재료는 흑요석, 부석, 화산재, 응회암, 점토, 혈암, 그리고 규조토의 형태로 대량 매장되어 있다. 이러한 천연 포졸란은 일반적으로 분쇄가 필요하다. 간혹 화산 부산물은 자연 상태에서도 적합한 분말도를 가지지만 점토와 혈암은 분쇄 이외에도 추가로 온도 650 ~ 980 ℃ 사이에서 소성하여 무결정질형으로 만들어야 반응성을 가진다.

플라이 애쉬는 미분탄(微粉炭)을 연소하는 보일러의 연도(煙道) 가스로부터 집진기로 채취한 석탄재를 말한다. 플라이 애쉬가 탄소 함유량이 낮고 포틀랜드 시멘트와 분말도가 비슷하며, 매우 작은 유리질 구(球)체 형상을 가지면 매우 훌륭한 포졸란이 된다. 플라이 애쉬의 모양과 질감으로 인해 콘크리트에 투입될 경우 단위 수량이 감소하게 된다. 일반적으로 플라이 애쉬의 포졸란 반응성은 유리 구체 형상을 분쇄하여 깸으로써 높일 수 있는 것으로 알려져 있다. 그러나 이는 콘크리트의 윤활성을 낮추고 단위 수량을 증가시키게 된다. 규산질이 많은 Class F 플라이 애쉬는 일반적으로 우수한 포졸란이다. Class C 플라이 애쉬는 CaO 함량이 높아서 좋은 시멘트계 특성을 가지고 있지만, 콘크리트의 알칼리-골재 반응 제어 및 내황산염 특성 향상의 측면에서는 불안정하다. 또한 Class C 플라이 애쉬는 발열량을 감소시키는 역할을 하지는 못한다. 플라이 애쉬의 품질은 미분탄의 품질, 보일러의 연소 방법, 포집 방법에 따라 크게 달라지므로 KS L 5405에 적합한 것이 아니면 안 된다. 그런데 최근에 와서 플라이 애쉬의 생산은 증대하는 경향이 있으나, 균질한 양질의 플라이 애쉬를 계속적으로 공급하기 어려우므로 공급량이나 품질도 확인해 둘 필요가 있다.

포졸란, 특히 천연 포졸란은 반응성 골재를 함유한 콘크리트의 팽창을 억제하는 효과가 있는 것으로 알려져 있다. 팽창을 억제하는 정도는 포졸란의 화학적 구성, 분말도 그리고 사용량 등에 영향을 받는다. 어떤 포졸란은 팽창 감소량이 90 퍼센트가 넘기도 한다. 포졸란의 사용으로 팽창이 감소되는 것은 시멘트 내부의 알칼리가 골재와 유해한 반응을 일으키지 못하도록 사전에 포졸란이 시멘트 내부의 알칼리를 제거하기 때문이다. 따라서 알칼리 반응성 골재가 사용되는 경우, 저알칼리 시멘트의 사용과 팽창 감소 효과가 있는 포졸란을 동시에 사용하는 것이 좋은 방법이다.

일반적으로 슬래그 시멘트로 불리는 미세하게 분쇄한 고로 슬래그도 시멘트와 혼합되어 매스 콘크리트에 사용될 수 있다. 급랭시킨 유리질의 고로 슬래그를 적절하게 분쇄하여 만든 양질의 고로 슬래그 미분말은, 이를 적절하게 잘 사용하면 콘크리트의 장기 강도를 증진시키고 수화열의 발생 속도를 늦추며 수밀성이 증진되어 염소 이온 등의 콘크리트에 대한 침투를 적게 하며, 황산염이나 해수에 대한 화학적 저항성을 개선시키고 알칼리-골재 반응을 억제시키는 등의 뛰어난 효과를 갖고 있다. 또 콘크리트의 워커빌리티를 악화시키는 일이 없고 상당히 곱게 분쇄시키더라도 단위 수량이 대폭적으로 증대하는 일이 없다. 그렇지만 이들의 효과는 고로 슬래그의 화학 성분이나 급랭의 정도 혹은 이를 분쇄한 고로 슬래그 미분말의 분말도, 사용량, 석고 첨가의 유무, 사용하는 시멘트의 성질 및 단위 결합재량 등에 따라 상당히 차이가 있다. 또한 콘크리트는 양생 온도 및 습윤 양생 기간의 영향을 받기 쉬우므로 정성들여 시공하지 않으면 소정의 강도를 얻을 수 없고 탄산화가 촉진될 우려가 있다.

또 고로 슬래그 미분말은 그의 단위량이 다른 혼화재보다도 상당히 많고, 또한 결합재로서의 역할이 크므로 계량 및 비빔 장치가 부적절하거나 이들의 작업이 충분히 관리되지 못한 경우에는 소정의 품질의 콘크리트를 얻을 수 없기 때문에 계획 및 시공에 있어서는 이들에 대하여 충분히 고려하지 않으면 안 된다. 고로 슬래그 미분말의 품질을 KS F 2563에 정하고 있다. 따라서 공사에 사용하는 고로 슬래그 미분말은 이 표준에 합격한 것 중에서 공사 목적에 적합한 것을 선정해야 한다.

고로 슬래그 미분말은 블레인 비표면적 300,000 mm^2/g 정도의 것에서 1,000,000 mm^2/g 이상의 것까지 여러 종류가 있고, 활성도 지수(活性度指數) 등의 제 성능이 상당히 다르다. 따라서 고로 슬래그 미분말을 혼화재로서 사용할 때에는 신뢰할 수 있는 자료나 지식을 바탕으로 공사 목적에 맞는 시험을 하여 그의 성능과 사용 방법을 확인하여 사용하는 것이 중요하다.

실리카 퓸도 매스 콘크리트에 사용될 수 있는 포졸란 재료이다. 실리카 퓸은 훼로 실리콘 및 금속 실리콘 등을 제조할 때 부산물로 나오는 입경이 1 ㎛ 이하로, 평균 입경이 0.1 ㎛ 정도, 비표면적(질소 가스 흡착법)은 약 20,000,000 mm^2/g의 구형(球形)의 초미립자이다. 주성분은 비정질(非晶質)의 이산화규소(SiO_2)로 수산화칼슘과의 반응에 의해 칼슘 실리케이트 수화물을 만든다. 실리카 퓸을 시멘트의 일부로 치환시킨 콘크리트는 보통의 콘크리트와 비교해서 재료 분리가 잘 생기지 않고, 블리딩이 적으며, 강도 증가가 현저하고, 수밀성이나 화학저항성이 향상된다는 등의 이점이 있다. 그 반면 단위 수량의 증가, 건조수축의 증가 등의 결점도 있다. 따라서 사용에 있어서는 고성능 감수제와의 병용 등의 고려가 필요하다.

상기 이외의 혼화재로서는 메타 카올린, 규산질 미분말, 석회석 미분말 및 고강도용 혼화재 등이 있다. 이들 혼화재는 아직 품질의 규격이 없고, 또 사용 방법도 다양하므로 이를 사용함에 있어서는 미리 충분히 조사 시험을 하여 품질을 확인하고 사용 방법도 검토해야 할 것이다. 즉, 사용하고자 하는 혼화재의 품질, 성능, 실적, 균등성이나 가격 등에 대하여 조사하고 그 혼화재가 콘크리트의 워커빌리티, 강도, 내구성, 수밀성, 체적 변화, 강재를 보호하는 성능, 경제성 등에 미치는 영향을 검토하지 않으면 안 된다. 이들 혼화재의 주요 특성은 다음과 같다.

① 메타 카올린은 국내에 풍부한 카올린 원료를 특수한 전처리를 거쳐 소성한 후 미분화한 것으로 실리카 퓸과 유사한 효과를 가지고 있다. 다만 메타 카올린을 혼입할 경우 메타 카올린의 재료 특성상 급격한 수분 흡수로 인한 초기 유동성의 급격한 감소 및 점도의 증가 등 워커빌리티에 문제가 발생할 수 있음에 유의해야 한다.

② 규산질 미분말은 석영 등을 주성분으로 하고 있는 것으로, 오토클레이브 양생을 하는 콘크리트에 고강도를 주는 혼화재이다. 또한 규산질 미분말과는 달리 상온에서 수산화칼슘과 반응하여 칼슘 실리케이트 수산화물을 만드는 포졸란으로서는 위에서 설명한 플라이 애쉬, 실리카 퓸 이외에 천연산으로 규산백토, 화산회, 규조토가 있고 인공산으로는 소성 점토 등이 있다.

③ 석회석 미분말은 석회석을 주원료로 하는 시멘트 생산 공정에서 발생하는 미분말과 석회석을 분쇄하여 미분말로 제조하는 두 가지로 구분할 수 있다. 석회석 미분말은 탄산칼슘($CaCO_3$)이 주성분으로 시멘트 수화물에 특별한 영향이 없고 미세한 분말이므로 굳지 않은 상태에서 점성 증진에 의한 재료 분리 방지, 응결 촉진, 수화열 저감의 효과를 나타낼 수 있으며, 경화상태에서는 공극 충전에 의한 압축강도 증진 및 수밀성 향상 등의 특성을 기대할 수 있다.

④ 고강도용 혼화재는 무수석고 등을 주성분으로 하며, 고성능 감수제와의 병용에 의해 증기 양생을 하면 압축강도 100 MPa 정도의 고강도를 얻을 수 있다. 이 경우의 고강도는 실리케이트상의 수화의 촉진, 에트린자이트의 생성에 의한 유리수의 감소 및 공극을 에트린자이트로 채움으로 인한 밀실화 등에 의해 얻어진다고 볼 수 있다.

저발열형 시멘트는 장기 재령의 강도 증진이 보통 포틀랜드 시멘트에 비하여 크므로 91일 정도의 장기 재령을 설계기준압축강도의 기준 재령으로 하는 것이 바람직하며, 구조체 콘크리트의 강도 관리를 위한 공시체의 양생 방법은 표준양생으로 해야 한다.

고로 슬래그 시멘트의 수화열은 포틀랜드 시멘트에 비하여 작은 것이 보통이지만, 콘크리트의 온도가 높으면 시멘트의 수화가 촉진되어 온도 상승이 커지는 경우도 있으므로 저발열성의 고로 슬래그 시멘트인 것을 확인하여 사용하는 것이 좋다. 또한 포틀랜드 시멘트에 고로 슬래그 미분말, 플라이 애쉬 등을 혼합하여 더욱 성능이 향상된 플라이 애쉬형의 시멘트를 얻는 방법이 있다. 그 외 중용열 포틀랜드 시멘트에 고로 슬래그를 혼입한 시멘트, 고로 슬래그 시멘트에 플라이 애쉬를 혼입한 시멘트 등 여러 가지 조합이 가능하다. 이와 같은 경우에는 콘크리트의 강도 발현 성상, 온도 상승 및 내구성 등에 대하여 충분히 검토한 후 사용해야 한다. 저발열형 시멘트는 장기 재령의 강도 증진이 보통 포틀랜드 시멘트에 비하여 크므로 91일 정도의 장기 재령을 설계기준압축강도의 기준 재령으로 하는 것이 바람직하며, 구조체 콘크리트의 강도 관리를 위한 공시체의 양생 방법은 표준 양생으로 해야 한다.

2.4 화학 혼화제

혼화제는 매스 콘크리트의 굳지 않은 상태에서 워커빌리티를 증진시키고 배합수량을 감소시키는 등의 좋은 효과로 작용한다. 또한 혼화제는 초기 응결 지연, 블리딩의 양 및 속도를 조절, 재료 분리 감소, 슬럼프 저하 속도 감소 등의 목적에 사용된다. 혼화제는 굳은 콘크리트의 성질에도 경화 중의 수화열 감소, 강도 증진, 시멘트양 감소, 내구성 증진, 침투 저항성 증진, 마모 및 침식 저항성 증진 등의 영향을 미친다. 매스 콘크리트에서 가장 중요한 혼화제의 영향은 공기 연행, 배합수량 감소 그리고 응결 시간 조절 등이다.

공기연행제는 배합 중의 콘크리트 내부에 공기방울을 만드는 혼화제로서 워커빌리티 증진, 재료 분리 감소, 블리딩 감소, 침투 저항성 증진, 동결융해 저항성 증진 등의 효과를 가진다. 연행된 공기는 빈배합 콘크리트의 워커빌리티를 크게 증진시켜 골재의 표면 상태, 모양, 입도가 좋지 않은 경우에도 사용이 가능하도록 만든다. 또한 콘크리트의 타설 및 운반을 용이하게 한다. 연행된 공기량이 1 퍼센트 증가할 때마다 슬럼프 변화 없이 워커빌리티는 약간 증진되며 배합수량을 2~4 퍼센트 감소시킬 수 있다. 연행된 공기간의 간격이 0.2 mm 이하인 경우 동결융해 저항성은 크게 증진된다.

일반적으로 공기연행으로 인하여 콘크리트의 강도는 감소되는 것으로 알려져 있다. 그러나 시멘트양이 일정한 경우, 공기연행으로 인해 배합수량이 감소되므로 공기연행이 빈배합 콘크리트의 강도에 미치는 영향은 무시할 만하고 오히려 약간 증가된다. 콘크리트 내부의 공기 연행 정도에 영향을 미치는 인자는 골재의 형상 및 입도, 부배합 정도, 다른 혼화재의 사용 여부, 배합 시간, 슬럼프, 콘크리트 온도 등이다. 임의 양의 공기연행제가 사용된 경우, 슬럼프가 150 mm까지 증가되는 동안은 공기량이 증가한다. 또한 배합의 부배합 정도, 온도, 배합 시간 등이 증가될수록 공기량은 감소한다. 만약 탄소를 함유한 플라이 애쉬가 사용되면 공기연행제의 사용량을 증가시켜야 한다. 대부분의 매스 콘크리트 시방에서 규정하는 공기연행량(37.5 mm 습윤체가름된 시료에서 시험한 결과)은 5 퍼센트 정도이다. 일부는 8 퍼센트까지 규정하기도 한다.

감수제와 응결조절제는 일반적으로 다음 중 하나 이상의 조합으로 구성된다 ; lignosulfonic acid, hydroxylated carboxylic acid, polymeric carbohydrates, naphthalene계 고성능 감수제, melamine계 고성능 감수제.

감수제는 배합수량을 감소시켜 콘크리트의 강도 증진, 건조 수축 감소, 워커빌리티 증진 등의 역할을 하고 동일 강도에서 시멘트양을 감소시키는 역할을 한다. 응결조절제는 콘크리트의 굳지 않은 상태를 연장시켜 연속 타설이 용이하도록 하는 역할을 한다. 먼저 언급된 세 가지 화학성분에 기반한 혼화제는 배합수량을 10 퍼센트까지 감소시키고 슬럼프 저하 없이 초기 응결을 1시간 이상 지연시키며 상당한 강도 증진을 가져온다. 지연제가 사용된 경우, 12시간 후의 강도는 혼화제가 사용되지 않은 콘크리트의 강도와 유사하다. 촉진제의 경우, 매스 콘크리트에서는 조기 강도 발현이 필요하지 않고 반응 촉진으로 인해 불필요한 온도 상승이 우려되므로 보통은 사용되지 않는다.

혼화제로 사용할 공기연행제, 감수제, 공기연행 감수제 및 고성능 공기연행 감수제는 KS F 2560에 적합한 것이어야 한다. 공기연행제, 감수제, 공기연행 감수제 및 고성능 공기연행 감수제를 적절하게 사용함으로써 콘크리트의 워커빌리티가 개선되고, 단위 수량이 감소되며, 내동해성이 향상되고, 수밀성이 개선되는 등 많은 이익을 얻을 수 있다. 그러나 공기연행제, 감수제, 공기연행 감수제 및 고성능 공기연행 감수제의 효과는 사용하는 시멘트의 품질, 골재의 품질, 콘크리트의 배합, 시공 방법에 따라 다르다. 또 공기량이 같더라도 기포의 지름이나 분포가 다르면 그 효과도 달라진다. 현재 시판되고 있는 공기연행제, 감수제, 공기연행 감수제 및 고성능 공기연행 감수제의 종류는 대단히 많으며, 그 성능이나 균일성은 서로가 다르기 때문에 공사에 사용할 공기연행제, 감수제, 공기연행 감수제 및 고성능 공기연행 감수제의 품질은 적어도 KS F 2560의 규정에 맞는 것을 사용해야 한다.

KS F 2560은 콘크리트용 화학 혼화제의 종류를 공기연행제, 감수제(표준형, 지연형, 촉진형), 공기연행 감수제(표준형, 지연형, 촉진형) 및 고성능 공기연행 감수제(표준형, 지연형)로 분류하고, 콘크리트의 제 성질을 개선함과 동시에 콘크리트의 응결 및 초기 경화의 속도를 조절할 수 있도록 규정하고 있다.

표 2.1은 콘크리트용 화학 혼화제의 품질에 대한 규정 값이다. 이 규정 값은 시험 콘크리트(혼화제를 사용한 콘크리트)의 기준 콘크리트(혼화제를 사용하지 않은 콘크리트)에 대한 비를 나타낸 것으로, 이때 사용한 콘크리트의 슬럼프 값은 80 mm 및 180 mm에 대해 시험하되, 공기연행제 및 공기연행 감수제의 동결융해에 대한 저항성(상대동탄성계수) 시험은 슬럼프 80 mm, 고성능 공기연행 감수제의 동결융해에 대한 저항성(상대동탄성계수) 및 경시 변화량 시험은 슬럼프 180 mm의 콘크리트에 대하여 각각 적용한다.

고성능 공기연행 감수제는 그 자신이 공기연행성을 가지고 있으면서 일반적인 공기연행 감수제보다도 높은 감수 성능을 가지고 있으며, 슬럼프 손실도 적은 특징이 있다. 이 때문에 공기연행 감수제를 사용하는 경우보다 단위 수량이 적은 콘크리트의 제조가 가능할 뿐만 아니라, 유동화 콘크리트와 동일한 성능을 가지는 콘크리트나 매우 높은 유동성을 가지는 콘크리트 등을 레디 믹스트 콘크리트 공장에서 제조할 수 있게 되었다. 또한 사용량을 광범위하게 선택하여 사용할 수 있다. 그러나 그 사용량에 따라서는 슬럼프 유지 성능이나 워커빌리티 등 콘크리트 성능이 변동하여 일반적인 콘크리트에 비해 온도, 사용 재료 등 사용조건에 의한 영향을 받기 쉽다. 따라서 고성능 공기연행 감수제를 사용한 콘크리트를 사용할 경우에는 사용하는 고성능 공기연행 감수제의 특성과 효용 한도에 대해 충분히 이해해야 하며, 목적하는 효과가 확실히 얻어지도록 고성능 공기연행 감수제의 적절한 사용 방법에 대하여 미리 충분한 검토를 할 필요가 있다.

유동화 콘크리트는 콘크리트의 단위 수량을 증가시키지 않고 유동화제의 첨가에 의해 콘크리트의 유동성을 높여 주기 때문에 콘크리트의 품질이 저하되지 않으며, 콘크리트의 타설과 다지기가 쉬워진다. 또 단위 수량이 보다 적은 콘크리트도 타설이 가능하다. 예로써 보통의 공법으로도 시공이 가능한 교대, 교각, 수조, 옹벽, 정화 설비, 터널의 라이닝공, 포장 슬래브 등에 적용하면 시공성이 대폭적으로 개선될 뿐 아니라 종래의 공법으로는 곤란한 콘크리트 펌프 시공도 가능하고, 수중 콘크리트나 연속 지중벽 등의 시공에도 뛰어난 효과를 발휘하는 등 응용성은 대단히 넓다.

그러나 유동화 콘크리트는 유동화제에 의해 강제적으로 유동성을 주는 콘크리트이므로 유동화제의 품질과 성능은 콘크리트의 워커빌리티, 강도 등의 품질 특성을 좌우한다. 이 때문에 한국콘크리트학회에서는 콘크리트용 유동화제 품질 규준을 제정하여 이것을 유동화제의 품질 평가의 기초로 하고 있다. 공사에 이용할 유동화제는 적어도 KCI-AD101에 적합한 것이어야 한다. 또한 유동화제는 베이스 콘크리트에 쓰이는 공기연행제, 감수제, 공기연행 감수제 및 고성능 공기연행 감수제와의 상호작용에 의하여 각각의 효과에 나쁜 영향을 주어서는 안 된다.

표준형 유동화제는 보통의 콘크리트 공사에 쓰이는 것으로서 사용 실적도 많아 일반적으로 쓰이고 있다. 지연형 유동화제는 유동화 효과와 응결 지연 효과를 겸한 것으로, 주로 서중 콘크리트나 운반 시간이 긴 경우에 유동화 후의 슬럼프 손실을 감소시키기 위해 쓰인다. 지연형 유동화제의 응결 지연 시간은 슬럼프 증대량에 따른 첨가량의 대소에 의해 변동되고, 콘크리트의 사용 조건이나 배합에 따라서는 소정의 응결 지연 효과를 얻지 못할 수도 있으므로 목적에 따라 적당량을 사용해야 할 것이다. 또 지연형 유동화제를 쓴 콘크리트는 베이스 콘크리트에 쓴 다른 혼화제에 의해 과대한 지연성을 나타내며, 경우에 따라서는 내구성이 떨어지는 수도 있으므로 주의해야 한다.

표 2.1 콘크리트용 화학 혼화제의 품질

항목		공기 연행제	감수제			공기연행 감수제			고성능 공기연행 감수제	
			표준형	지연형	촉진형	표준형	지연형	촉진형	표준형	지연형
감수율(%)		6 이상	4 이상	4 이상	4 이상	10 이상	10 이상	8 이상	18 이상	18 이상
블리딩양의 비(%)		75 이하	100 이하	100 이하	100 이하	70 이하	70 이하	70 이하	60 이하	70 이하
응결 시간의 차(분)	초결	-60~+60	-60~+90	+60~+210	+30 이하	-60~+90	+60~+210	+30 이하	-30~+120	+90~+240
	종결	-60~+60	-60~+90	+210 이하	0 이하	-60~+90	+210 이하	0 이하	-30~+120	+240 이하
압축 강도비 (%)	재령3일	95 이상	115 이상	105 이상	125 이상	115 이상	105 이상	125 이상	135 이상	135 이상
	재령7일	95 이상	110 이상	110 이상	115 이상	110 이상	110 이상	115 이상	125 이상	125 이상
	재령28일	90 이상	110 이상	110 이상	110 이상	110 이상	110 이상	110 이상	115 이상	115 이상
길이 변화비(%)		120 이하	120 이하	120 이하	120 이하	120 이하	120 이하	120 이하	110 이하	110 이하
동결융해에 대한 저항성 [상대동탄성계수(%)]		80 이상	-	-	-	80 이상	80 이상	80 이상	80 이상	80 이상
경시 변화량	슬럼프(mm)	-	-	-	-	-	-	-	60 이하	60 이하
	공기량(%)	-	-	-	-	-	-	-	±1.5 이내	±1.5 이내

2.5 골재

2.5.1 잔 골재

잔 골재는 #4체(4.75 mm)를 대부분 통과하는 골재로서 자연 상태와 부순 모래, 그리고 이를 섞은 것으로 분류할 수 있다. 잔 골재는 입자의 강도, 밀도, 내구성이 높고 코팅되지 않은 것이어야 한다. 콘크리트용 잔 골재는 KS F 2526, 부순 모래는 KS F 2527, 순환 잔 골재는 KS F 2573, 고로 슬래그 잔 골재는 KS F 2544 표준에 적합한 것을 사용한다. 단, 혼합하여 사용하는 경우에는 KS F 2526의 품질 규정에 적합해야 한다.

잔 골재는 천연에서 얻는 경우와 암석을 파쇄하여 만드는 경우 및 산업 부산물로부터 얻는 방법 등 다양하다. 콘크리트 중에서 골재는 보강재 역할을 하게 되므로 콘크리트 중 시멘트 페이스트의 강도보다 강해야 한다. 이는 시멘트 페이스트의 강도보다 잔 골재의 강도가 작을 경우 콘크리트의 강도가 잔 골재의 강도에 의해 결정되어질 수 있으므로 예상한 강도보다 작은 강도가 발휘될 수 있기 때문이다. 특히, 부순 모래의 경우 파쇄 과정에서 입자 내부에 균열이 존재할 가능성 때문에 모암(母岩)의 강도보다 저하할 수 있음에 유의해야 한다. 다만 잔 골재의 강도를 시험하기는 매우 어려우므로 시멘트 모르타르 혹은 콘크리트에 적용하여 시험 결과로부터 판단하는 것이 좋다. 특히, 골재의 강도에 따른 영향은 콘크리트의 강도가 큰 경우에는 그 영향이 크다. 고강도 콘크리트에 사용하는 잔 골재는 이것을 사용하여 콘크리트를 만들고 강도를 실험하여 충분한 강도가 얻어지는지를 확인해야 한다.

골재는 콘크리트 중에서 여러 역할을 하지만 강도와 관련하여 골재의 입자 표면은 거친 것이 부착에 유효하기 때문에 가능한 한 표면이 거친 요철이 있는 것이 좋다. 또한 전체적인 형상은 구형에 가까운 것이 좋으며 표면이 매끄러운 것이나, 모양이 편평하거나, 세장한 것은 좋지 않다. 골재의 형상은 콘크리트의 작업성에 영향을 미치는데 최근 부순 골재는 대부분 편평하거나 세장하기 때문에 콘크리트 중에서 골재 상호간의 마찰력을 증대시켜 워커빌리티를 저하시킨다. 이로 인해 단위 수량이 증대되는 등 콘크리트의 배합에 불리해지거나 동일한 배합으로 콘크리트를 제조할 경우 가수 등의 행태에 의해 콘크리트의 품질이 급격히 저하할 수 있다.

골재의 입도는 콘크리트의 워커빌리티에 큰 영향을 미친다. 매스 콘크리트에서 잔 골재의 좋은 입도에 대한 제한 값은 표 2.2에 정리되어 있다. 그러나 실험실의 연구 결과 다른 입도도 만족스러운 워커빌리티를 보여준 점을 고려하면, 잔 골재의 입도에 대한 제한 값은 다소 넓어질 수 있다. 잔 골재의 입도에 대한 요구 조건은 다소 유연하지만, 일단 배합이 정해지면 워커빌리티의 변동을 피하기 위해서 입도가 합리적인 제한 값 이내에서 일정하게 유지되어야 한다. 다만 최근 입도가 양호한 골재를 수급하기가 매우 어려우므로 혼합 골재를 적절히 활용할 필요가 있다. 입도가 표 2.2 범위를 벗어난 잔 골재를 쓰는 경우에는 두 종류 이상의 잔 골재를 혼합하여 입도를 조정해서 사용해야 한다. 혼합 잔 골재의 경우에도 천연 골재의 입도 규정에 준한다. 그리고 표 2.2에 표시된 연속된 2개의 체 사이를 통과하는 양의 백분율이 45 퍼센트를 넘지 않아야 한다.

잔 골재는 점토, 실트, 먼지, 유기물, 불순물 등 콘크리트에 사용되어 콘크리트의 요구 성능 발휘를 불가능하게 하는 해로운 입자를 포함하지 않아야 한다. 해로운 입자의 제한 값은 표 2.3에 정리되어 있다. 교각, 댐 등 물의 수위 변동에 영향을 받는 구조물은 표 2.3

표 2.2 잔 골재의 표준 입도

체의 호칭 치수 (mm)	체를 통과한 것의 질량 백분율(%)	
	천연 잔 골재	부순 모래
10	100	100
5	95 ~ 100	90 ~ 100
2.5	80 ~ 100	80 ~ 100
1.2	50 ~ 85	50 ~ 90
0.6	25 ~ 60	25 ~ 65
0.3	10 ~ 30	10 ~ 35
0.15	2 ~ 10	2 ~ 15

표 2.3 잔 골재의 유해물 함유량 한도(질량백분율)

종 류	최대 값
점토 덩어리	1.0[1)]
0.08 mm 체 통과량	
- 콘크리트의 표면이 마모작용을 받는 경우	3.0
- 기타의 경우	5.0
석탄, 갈탄 등으로 밀도 0.002g/mm^{3}의 액체에 뜨는 것	
- 콘크리트의 외관이 중요한 경우	0.5
- 기타의 경우	1.0
염화물(NaCl 환산량)	0.04

주 1) 시료는 KS F 2511에 의한 0.08 mm 체 통과량 시험을 실시한 후에 체에 남는 것.

의 제한 값을 50 퍼센트 감소시켜야 한다. 반대로 항상 물에 잠겨있거나 댐의 내부 콘크리트 같은 경우에는 50 퍼센트 증가하여도 좋다.

점토 덩어리 시험은 KS F 2512, 0.08 mm 체 통과량 시험은 KS F 2511, 석탄, 갈탄 등 밀도 0.002g/mm^3의 액체에 뜨는 것에 대한 시험은 KS F 2513에 따른다. 또 염화물 함유량의 시험은 KS F 2515에 따른다. 잔 골재에 함유되는 유기 불순물은 KS F 2510에 의하여 시험해야 한다. 이때 잔 골재 위에 있는 용액의 색깔은 표준색보다 엷어야 한다. 부순 모래 및 순환 잔 골재의 경우, 씻기 시험에서 0.08 mm 체의 통과량은 7 퍼센트 이하이어야 하며 마모작용을 받는 경우 5 퍼센트 이하로 해야 한다.

2.5.2 굵은 골재

굵은 골재는 자갈, 부순 자갈 및 이의 혼합으로 구분되며, 일반적으로 #4체(4.75 mm)보다 크고 150 mm 대형 구조물의 경우보다 작은 입자이다. 매스 콘크리트 구조물 중에서 발전소와 같이 배근량이 많은 구조물에는 굵은 골재의 최대 치수가 75 mm 이하의 작은 것이 좋다. 일부는 37.5 mm가 적용된다. 굵은 골재 최대 치수가 작은 것이 사용되는 것은 철근이나 매입물의 간격이 좁거나 큰 치수의 골재가 구할 수 없는 경우이다. 이 경우 시멘트 사용량이 증가하여 수화열로 인한 균열 가능성이 증가되므로 시멘트 요구량을 줄이고 타설 온도를 낮추기 위한 특별한 대책이 필요하다. 개별 철근, 다발철근, 긴장재 또는 덕트 사이 최소 순간격의 3/4 이하, 거푸집 양측면 사이의 최소 거리의 1/5 이하이어야 한다. 이를 위배하지 않는 범위 내에서 굵은 골재의 최대 치수를 크게 해야 한다.

굵은 골재는 입자의 강도, 밀도, 내구성이 높고 코팅되지 않은 것이어야 한다. 골재의 제조, 운반, 저장 중에 열화가 발생하거나 부서질 수 있는 암석은 피해야 한다. 흡수율이 3 퍼센트 이상이고 비중이 2.5보다 작은 암석은 동결융해의 영향을 받는 매스 콘크리트 구조물에 적합하지 않다. SO_3로 계산되는 황산염과 황화물의 함량은 전체 굵은 골재의 중량의 0.5 퍼센트 이하여야 한다. 점토, 실트, 미세 먼지 같은 불순물의 함량은 표 2.4의 제한 값을 넘어서는 안 된다. 그림 2.1은 굵은 골재의 저장 및 운송 과정에서 묻은 먼지 및 표면 침착물을 배치플랜트에서 재세척하여 제거하는 것을 나타낸 것으로 골재의 청결성을 확보하기 위한 과정이다.

표 2.4 굵은 골재의 유해물 함유량 한도(질량 백분율)

종 류	최대 값
점토 덩어리	0.25[1)]
연한 석편	5.0[2)]
0.08 mm 체 통과량	1.0
석탄, 갈탄 등으로 밀도 0.002g/mm^{3}의 액체에 뜨는 것	
- 콘크리트의 외관이 중요한 경우	0.5
- 기타의 경우	1.0

주 1) 시료는 KS F 2511에 의한 0.08 mm 체 통과량의 시험을 실시한 후에 체에 남는 것.
2) 교통량이 많은 슬래브 또는 표면의 경도가 특히 요구되는 경우에 적용.

그림 2.1 **굵은 골재의 재세척**

이론적으로는 동일한 요구 성능을 전제로 굵은 골재의 최대 치수가 클수록 시멘트 사용량은 줄어든다. 이는 입도가 좋은 재료에서 입자 사이의 공간(비표면적)은 입자의 크기가 증가할수록 감소한다는 이론에 기반한다. 그러나 그림 2.2에서 보듯이 시멘트의 효율을 최대로 하기 위해서는 압축강도별로 최적의 굵은 골재 최대 치수가 존재한다. 철근 콘크리트 구조물에서는 거푸집과 철근의 배치에 따라서 굵은 골재 최대 치수가 제한되지만, 무근 매스 콘크리트 구조물에서는 굵은 골재 최대 치수에 대한 제한 값이 거의 없다. 따라서 설계 강도 확보와 제조, 혼합, 운반, 타설 및 다짐 작업할 때 가장 경제적인 굵은 골재 최대 치수를 결정한다. 불규칙한 형태의 큰 골재 입자는 부등 체적 변화로 인해 이 입자 주변에서 균열을 촉진시키는 경향이 있다. 또한 굵은 골재의 하부에는 타설할 때 블리딩수 및 공기가 모이는 경향이 있어 공극이 생긴다. 자주 사용되지는 않지만 최대 입자로 150 mm 골재까지 적용 가능하다.

골재 입자의 형상은 콘크리트의 워커빌리티에 일부 영향을 미치며 결과적으로 배합수량에도 영향을 준다. 유수에 침식된 모래 및 자갈과 같이 원형의 입자는 최고의 워커빌리티를 제공하지만, 최근에 주로 사용되는 부순 모래 및 자갈도 연마 과정을 통하여 적절한 입자 형상을 만들 수 있다. 따라서 천연 골재를 사용할 경우 배합 수량을 줄일 수 있음에도 불구하고 현장 주변에 양질의 부순 골재를 얻을 수 있는 경우에는 천연 골재를 멀리서 운송해 오는 경우보다 훨씬 경제적이다. 물론 만족할 만한 골재 형상을 만들 수 있는 분쇄기계 및 공정을 결정하는 것이 필요하다. 골재 형상을 조절하는 공정의 한 예로써, 각 입자 크기 그룹별로 납작하고 길쭉한 입자가 20 퍼센트를 넘지 않도록 제한하는 것이다. 납작한 입자는 폭-두께의 비가 3 이상인 입자로 정의되고, 길쭉한 입자는 길이-폭 비가 3 이상인 입자로 정의된다.

배합할 때 골재의 혼입량은 콘크리트의 워커빌리티에 크게 영향을 받고 시공중에 워커빌리티를 쉽게 수정할 수 있게 하는 인자이다. 이를 수월하게 하기 위해서 골재를 편리한 크기별로 분류하여 배합하는 것이 좋다. 매스 콘크리트에 사용되는 굵은 골재를 표 2.5에

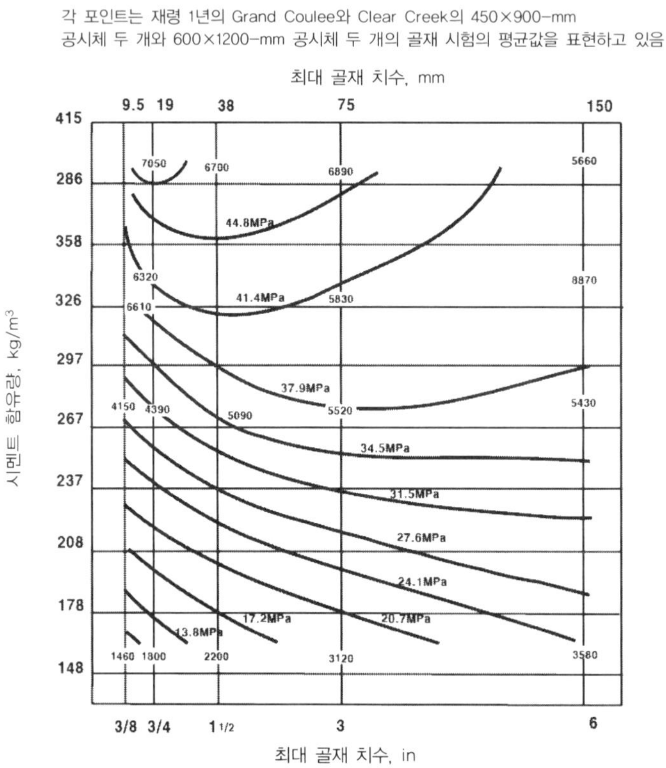

그림 2.2 **골재 크기 및 시멘트양이 콘크리트 강도에 미치는 영향(재령 1년)**

표 2.5 굵은 골재의 표준 입도

골재 번호	체의 호칭 치수(mm) / 체의 크기(mm)	체를 통과하는 것의 질량 백분율(%)												
		100	90	75	65	50	40	25	20	13	10	5	2.5	1.2
1	90~40	100	90~100		25~60		0~15		0~5					
2	65~40			100	90~100	35~70	0~15		0~5					
3	50~25				100	90~100	35~70	0~15		0~5				
357	50~5				100	95~100		35~70		10~30		0~5		
4	40~20					100	90~100	20~55	0~15		0~5			
467	40~5					100	95~100		35~70		10~30	0~5		
57	25~5						100	95~100		25~60		0~10	0~5	
67	20~5							100	90~100		20~55	0~10	0~5	
7	13~5								100	90~100	40~70	0~15	0~5	
8	10~2.5									100	85~100	10~30	0~10	0~5

나타낸 것과 같이 분류하고 있다. 골재 총량의 1/3 ~ 1/2이 중간 크기로 분류될 때 크기는 만족스럽게 분포된 것이다. 또한 19 ~ 4.75 mm 체에 분포하는 골재 중에서 9.5 mm체를 통과하는 비율이 30 퍼센트 미만(부순 골재의 경우 거의 0 퍼센트)을 유지할 경우 매스 콘크리트의 워커빌리티 및 다짐성을 크게 증진시킨다.

2.6 배합수

콘크리트의 배합수로 사용되는 물은 시멘트의 수화반응에 영향을 주는 물질을 포함하지 않아야 한다. 음용수는 콘크리트에 악영향을 미칠 수 있는 정도의 염소 이온을 사전에 제거하므로 일반적으로 음용으로 가능한 물은 콘크리트의 배합수로도 적합한 것으로 가정한다. 사용하기 의심스러운 물은 반드시 염소 이온 총량을 측정해야 하는데, 구조물별 염소 이온 총량의 한계 값은 콘크리트 표준시방서에 규정하고 있다. 배합수로 사용될 물에 함유된 물질이 시멘트의 강도 발현에 큰 영향을 미칠 수 있는 지의 여부를 결정하는 것이 필요한 경우, 해당 물과 증류수를 각각 사용하여 제작한 모르타르의 상대적인 강도 측정을 실시한다. 시험 결과, 해당 물을 사용한 시편의 강도 평균값이 증류수를 사용한 경우의 90 퍼센트 이하인 경우, 해당 물은 콘크리트의 배합수로 사용할 수 없다. 당분이나 당 파생물을 조금이라도 포함한 물은 응결 시간의 예측이 불가능하므로 사용될 수 없다. 이러한 물의 위험성은 압축강도 비교 시험을 통하여 나타낼 수 있다.

특히 하절기의 경우 콘크리트의 비비기 온도를 낮추기 위해 되도록이면 저온의 배합수를 사용하며, 콘크리트의 비비기 온도를 제어할 목적으로 얼음을 사용하는 경우에는 비빌 때 얼음덩어리가 콘크리트 속에 남아 있지 않도록 해야 한다.

2.7 배합

매스 콘크리트의 재료 및 배합을 결정할 때에는 설계기준압축강도와 소정의 워커빌리티를 만족하는 범위 내에서 콘크리트의 온도 상승이 최소가 되도록 해야 한다.

콘크리트의 발열량은 대체적으로 단위 시멘트양에 비례하므로 콘크리트의 온도 상승을 감소시키기 위해 소요의 품질을 만족시키는 범위 내에서 단위 시멘트양이 적어지도록 배합을 선정해야 한다. 콘크리트의 강도, 내구성, 수밀성 등의 성질은 물-결합재비, 단위 수량 등에 의해 지배된다. 단위 수량을 작업에 적합한 범위 내에서 최소가 되도록 하면 소요의 품질이 확보되면서도 단위 시멘트양을 줄일 수 있다. 단위 시멘트양이 많으면 비경제적이 될 뿐 아니라 콘크리트의 온도 상승량이 커지기 때문에 균열이 발생할 우려도 커진다. 일반적으로 콘크리트의 온도 상승량은 단위 시멘트양 10 kg/m^{3}에 대하여 대략 1 ℃ 정도의 비율로 증가된다.

적절한 타설할 때 작업성을 가지기 위해서 충분한 미세 입자 재료가 있어야 한다. 경험에 의하면, 굵은 골재 최대 치수가 150 mm인 최고 입형의 골재가 사용된 경우는 모난 골재를 사용한 경우보다 워커빌리티 확보에 요구되는 시멘트 크기 재료의 양이 10 퍼센트 이상 작다. 요구되는 물-결합재비 및 배합 수량을 사용한 시험 배합을 통해 필요한 워커빌리티가 안정적으로 확보 가능한 시멘트계 재료의 사용량을 정할 수 있다.

대표적인 매스 콘크리트인 댐 구조물에서 실제 배합을 정하는 첫 번째 단계는 각 작업별 굵은 골재 최대 치수를 정하는 것이다. 두 번째 단계는 요구되는 슬럼프(보통 40~50 mm)에 적합한 배합 수량을 정하는 것이다. 슬럼프 시험할 경우 40 mm 이상의 굵은 골재는 습윤 체가름을 통하여 제거한 직후 시편을 제작한다. 굵은 골재 최대 치수가 150 mm인 경우, 공기연행 및 슬럼프 조건을 만족하는 배합 수량은 천연 골재가 사용된 경우에는 71~89kg/m^3, 부순골재가 사용된 경우에는 83~113kg/m^{3}가 된다. 굵은 골재 최대 치수가 75 mm인 경우의 배합 수량은 20 퍼센트 증가한다. 그러나 재령 1년에서 28 MPa 이상의 강도를 가지는 것은 굵은 골재 최대 치수가 75 mm 이상인 경우가 더 효율적이다.

시멘트양은 정해진 배합 수량을 물-시멘트비로 나누어서 정하거나 워커빌리티가 지배적인 경우에는 콘크리트 타설할 때의 작업성을 고려하여 최소량을 정한다. 시멘트양과 배합수량이 결정되고 공기량을 3~5 퍼센트로 가정하면, 나머지 재료는 골재뿐이다. 따라서 남아있는 결정은 잔 골재와 굵은 골재의 상대적인 비율을 정하는 것이다. 최적 비율은 골재의 입도와 입자 형상에 따라 정해지며, 현장에서 최종적으로 정해진다. 굵은 골재 최대 치수가 150 mm인 천연 잔 골재 및 굵은 골재가 사용된 콘크리트는 전체 골재에 대한 잔 골재의 부피비를 21 퍼센트까지 낮출 수 있다. 부순 골재가 사용된 경우는 이 비율이 25~27 퍼센트에 존재한다.

포졸란이 결합재로 콘크리트에 포함된 경우에도 배합설계 절차는 변경되지 않지만 다음과 같은 항목에 주목해야 한다.

- 요구되는 배합 수량이 변경될 수 있다.
- 초기 강도가 배합의 결정 요인이 될 수 있다.
- 경제성을 높이기 위해서 설계강도의 기준 재령이 길어질 수 있다.

포졸란이 함유된 콘크리트의 강도 증가는 포틀랜드 시멘트만으로 만들어진 콘크리트보다 다소 느리다. 그러나 일반적으로 매스 콘크리트에 작용되는 하중은 재령 수개월 이상 지난 후에 작용된다. 따라서 포졸란을 함유한 매스 콘크리트의 강도 기준일은 90일에서 1년까지 폭넓게 적용된다. 매스 콘크리트의 초기 강도가 설계강도까지 필요하지는 않지만 다음 타설을 위한 거푸집의 앵커를 지지할 수 있는 강도가 요구된다. 따라서 초기 강도는 거푸집 앵커의 pull-out을 방지할 수준 이상이어야 한다. 거푸집의 탈형을 빠르게 할 필요가 있을 경우, 특히 대량의 포졸란이 사용되거나 콘크리트가 빈배합이고 선행 냉각된 경우 등에는 특별히 고안된 앵커가 요구된다.

표 2.6과 2.7은 해외의 댐 시공에 사용된 콘크리트 배합에 대한 자료이다.

표 2.6 해외의 기존 댐에 사용된 시멘트양, 배합 수량 및 콘크리트 강도

댐 이름	국가	시멘트 시멘트-포졸란 (kg/m³)	배합 수량 (kg/m³)	골재 종류	굵은 골재 최대 치수 (mm)	물- 결합재비	90일 강도 (MPa)	시멘트 효율 (MPa/kg/m³)
La Palisse	프랑스	300	148	화강암	120	0.49	33.0	0.111
Chastang	프랑스	225	100	화강암	250	0.45	26.0	0.115
L'Aigle	프랑스	225	125	화강암	250	0.56	22.1	0.098
Pieve di Cadore	이탈리아	200	126	백운암	100	0.63	44.1	0.220
Forte Baso	이탈리아	240	141	맥반암	98	0.59	33.9	0.141
Cabrilo	포르투갈	220	116	화강암	150	0.53	28.6	0.130
Salamonde	포르투갈	249	133	화강암	200	0.54	29.3	0.118
Castelo Bode	포르투갈	220	107	규암	200	0.49	26.2	0.119
Rossens	스위스	249	133	galcial mixture	64	0.54	41.3	0.166
Mauvoisin	스위스	189	96	편마암	96	0.51	34.2	0.181
Zervreila	스위스	199	126	편마암	96	0.63	26.5	0.133
Hungry Horse	미국	111-53	77	사암	150	0.47	21.4	0.130
Glen Canyon	미국	111-56	99	석회암	150	0.54	26.3	0.160
Lower Granite	미국	86-29	82	현무암	150	0.71	14.3	0.124
Libby	미국	88-29	79	규암	150	0.68	17.0	0.145
Dworshak	미국	125-42	97	화강암	150	0.58	21.0	0.126
Dworshak	미국	117-40	97	편마암	150	0.62	17.4	0.111
Dworshak	미국	100-43	98	편마암	150	0.69	14.0	0.098
Dworshak	미국	130-27	98	편마암	150	0.75	13.2	0.084
Pueblo	미국	134-44	100	화강암, 석회암 백운암	89	0.56	20.7	0.116
Crystal	미국	231	109	shist, altered volcanics	75	0.47	27.6	0.119
Flaming Gorge	미국	111-56	88	석회암, 사암	150	0.53	24.1	0.144
Kranoiarsk	미국	230	126	화강암	100	0.55	22.6	0.098
Ilha Solteira	미국	82-27	82	규암 분쇄 현무암	150	0.75	21.0	0.193
Itaipu	미국	108-13	85	분쇄 현무암	150	0.70	18.0	0.149
Therodore Roosevelt modification	미국	160	85	화강암	100	0.53	31.0	0.194

표 2.7 해외 기존 댐의 배합설계 자료

No.	댐 (국가)	준공 연도	댐 형식	시멘트 형식	시멘트 kg/m³	포졸란 형식	포졸란 kg/m³	모래 kg/m³	굵은 골재 kg/m³	굵은 골재 형식	굵은 골재 최대 치수 mm	배합수 kg/m³	물-시멘트 비	공기량, %	밀도, kg/m³	감수제 사용 여부
1	Hoover (미국)	1936	아치 중력식	Ⅳ	225	-	0	552	1589	석회암 화강암	225	130	0.58	0	2498	미사용
2	Norris (미국)	1936	직선 중력식	Ⅱ	200	-	0	750	1487	백운암	150	135	0.67	0	2499	미사용
3	Bonneville (미국)	1938	중력식	포틀랜드 포졸란	195	-	0	649	1513	현무암	150	149	0.76	0	2505	미사용
4	Bartlett (미국)	1939	다중 아치	Ⅳ	276	-	0	713	1346	규암 화강암	75	160	0.58	0	2480	미사용
5	Grand Coulee (미국)	1942	직선 중력식	Ⅱ, Ⅳ	224	-	0	582	1523	현무암	150	134	0.60	0	2464	미사용
6	Kentucky (미국)	1944	직선 중력식	Ⅱ	200	-	0	573	1550	석회암	150	126	0.63	0	2454	미사용
7	Shasta (미국)	1945	곡선 중력식	Ⅳ	219	-	0	537	1614	안산암 점판암	150	122	0.56	0	2494	미사용
8	Hungry Horse (미국)	1952	아치 중력식	Ⅱ	111	플라이 애쉬	53	499	1672	사암	150	77	0.47	3.0	2415	미사용
9	Detroit (미국)	1953	직선 중력식	Ⅱ, Ⅳ	134	-	0	593	1595	섬록암	150	113	0.85	5.5	2437	미사용
10	Monticello (미국)	1957	아치	Ⅱ LA	126	calcinated diatomace-ous caly	42	457	1756	경사암 사암 규암	150	96	0.57	2.7	2477	미사용
11	Flaming Gorge (미국)	1962	아치 중력식	Ⅱ	111	Calc. shale	56	432	1720	석회암 사암	150	88	0.53	3.5	2409	미사용
12	Glen Banyon (미국)	1963	아치 중력식	Ⅱ	111	Pumicite	56	461	1651	석회암	150	91	0.54	3.5	2371	미사용
		1963		Ⅱ	111	Pumicite	53	474	1662	처어트 사암	150	83	0.50	3.5	2385	사용
13	Yellowtail (미국)	1965	아치 중력식	Ⅱ	117	플라이 애쉬	50	526	1670	석회암 안산암	150	82	0.49	3.0	2449	미사용
14	Morrow Point (미국)	1967	얇은 아치	Ⅱ	221	-	0	376	1691	안산암, 터프, 현무암	114	93	0.42	4.3	2382	사용
15	Dworshak (미국)	1972	중력식	Ⅱ	125	플라이 애쉬	42	439	1770	분쇄 화강편마암	150	97	0.59	3.5	2473	미사용
16	Libby (미국)	1972	중력식	Ⅱ	88	플라이 애쉬	29	536	1708	천연 규질자갈	150	79	0.68	3.5	2439	미사용
17	Lower Granite (미국)	1973	중력식	Ⅱ	86		29	456	1837	천연 현무질 자갈	150	82	0.71	3.5	2490	사용
18	Pueblo (미국)	1974	부벽식	Ⅱ LA	134	-	44	565	1535	화강암, shist 석회암, 백운암	89	100	0.56	3.5	2379	사용
19	Crystal (미국)	1976	얇은 아치	Ⅱ LA	231	-	0	492	1625	shitst, altered volcanics	75	109	0.47	3.5	2457	사용
20	Richard B. Russell(미국)	1982	중력식	Ⅱ	134	플라이 애쉬	35	488	1755	분쇄 화강암	150	103	0.57	3.4	2515	사용
				Ⅱ	103	플라이 애쉬	43	513	1741		150	105	0.67	3.4	2499	사용
21	Rossens (스위스)	1948	아치	Ⅰ	250	-	0	-	-	석회암	79	133	0.53	0	-	미사용
22	Pieve di Cadore(이탈리아)	1949	아치 중력식	ferric-포졸란	150	천연	50	700	1239	석회암	120	126	0.63	2.0	2560	사용
23	Francisco Madero(멕시코)	1949	원형 부벽식	Ⅳ	221	-	0	530	1412	유문암 현무암	150	132	0.6	-	-	-
24	Chastang (프랑스)	1951	아치 중력식	250/315	225	-	0	450	1640	화강암	250	100	0.45	-	2415	-
25	Salmonde (포르투갈)	1953	얇은 아치	Ⅱ	250	-	0	438	1554	화강암	200	133	0.54	0	2376	-
26	Warragamba (호주)	1960	직선 중력식	Ⅱ	196	-	0	503	1687	반암 화강암	150	104	0.53	0	2469	미사용
27	Krasnoiarsk (USSR)	약 1970	얇은 아치	Ⅳ, 고로 슬래그 시멘트	230	-	0	-	-	화강암	100	126	0.55	-	-	사용
28	Ilha Solteira (브라질)	1974	중력식	Ⅱ	82	calcinat-ed clay	27	468	1893	규질 자갈 분쇄 현무암	150	82	0.75	3.5	2552	미사용
29	Itaipu (브라질-파라과이)	1982	중공 중력식 부벽식	Ⅱ	108	플라이 애쉬	13	582	1837	분쇄 현무암	150	85 101	0.70	4.0	2537	미사용
30	Peace Site 1 (캐나다)	1979	중력식	Ⅰ	94	플라이 애쉬	63	575	1549	규암 석회암 사암	75	85	0.67	3.6	2379	사용
31	Theodore Roosevelt modification(미국)	1995	아치 중력식	Ⅱ LA	128	플라이 애쉬	32	566	1585	화강암	100	85	0.53	4.0	2397	사용

2.8 온도 제어

모든 시멘트는 수화가 진행되면서 열이 발생하게 되고 온도가 상승하게 된다. 이러한 온도 상승은 배합 내 단위 시멘트양을 줄이고 시멘트 일부를 다른 포졸란 재료로 치환하거나 수화열이 적게 발생하거나 늦출 수 있는 시멘트를 사용함으로써 감소시킬 수 있다. 수화열 발생을 최소화하기 위해서는 매스 콘크리트 배합이 최소의 시멘트양으로 설계되어야 한다. 일반적으로 매스 콘크리트에 요구되는 시멘트양은 일반 콘크리트에 비해 매우 적다. 따라서 온도 상승도 일반 콘크리트에 비해 작다고 할 수 있다. 만약 구조물의 최종 평형 온도에서 수화열로 인한 예상 온도 상승량 만큼 감소시킨 온도로 콘크리트의 초기 온도를 제어할 수만 있으면, 인장응력과 균열은 완벽히 제어할 수 있을 것이다. 이것은 이론적으로는 가능하지만 매우 더운 기후 지역이 아닌 한 실현 불가능하다. 그러나 콘크리트의 초기 온도를 앞에서 언급한 인장응력을 유발하지 않는 온도보다 약간 높게 하더라도 온도 변화에 의한 인장응력이 인장강도보다 작으면 인장 변형률이 최대 인장 변형률보다 작으면 인장응력을 전혀 유발하지 않는 것보다 경제적으로 균열을 제어할 수 있다.

이 매뉴얼의 8장에서 콘크리트의 초기 온도를 감소시키는 방법과 온도가 낮은 콘크리트를 타설함으로써 얻는 장점들에 대해 상세히 설명하고 있다. 따라서 여기서는 간략하게 온도 제어를 위한 방안들이 다루어진다.

콘크리트 사용 재료를 사전에 냉각시켜 수화반응에 의한 매스 콘크리트 내부의 최고 온도를 낮추는 선행 냉각(precooling) 공법은 1940년대 초반에 시작되었으며, 대형 댐의 건설에 널리 사용되고 있다. 최초의 선행 냉각 공법의 적용 사례는 1941년부터 1945년까지 시공된 Norfork가 댐의 건설이었다. 여기서는 하절기 동안 배합수에 얼음을 분쇄하여 넣는 방법이 도입되었다. 이 방법을 통해 매스 콘크리트의 배합 온도가 약 5.6 ℃ 감소하였다. 배합수에 얼음을 투입하는 방법뿐 아니라 굵은 골재를 찬 공기나 찬물을 이용하여 사전에 냉각하는 방법도 적용되었다. 최근에는 습윤 상태의 잔 골재와 굵은 골재를 진공 침윤(vacuum saturation)이나 액화질소 투입 등의 다양한 방법을 사용하여 선행 냉각시키고 있다. 미국의 경우, 하절기의 온도가 높은 지역에서는 타설할 때 콘크리트 온도가 10 ℃를 넘지 않도록 선행 냉각하는 방법이 거의 표준으로 되어 있다.

Hoover(Boulder) 댐과 같은 몇몇 대형 댐에서는 선행 냉각과 관로식냉각(postcooling), 매설된 관에 냉각수를 투입하는 방법이 조합되어 사용되었다. 이 방법이 적용된 좋은 예인 Glen Canyon 댐은 하절기에 외기 온도가 38 ℃가 넘는 지역에 건설되었다. 골재를 냉각하고 냉각수에 얼음을 투입하는 방법을 통하여 선행 냉각된 굳지 않은 콘크리트의 배합 온도가 10 ℃ 넘지 않도록 하였다. 또한 콘크리트 내부에 관을 매설하고 냉각수를 투입하는 방법을 적용하여 경화중인 콘크리트의 온도를 24 ℃ 이하가 되도록 하였다. 관로식냉각 방법은 횡방향 조인트를 가지는 중력식 댐이나 아치댐에서 경화된 콘크리트의 온도를 낮춤으로써 조인트의 간격을 넓혀 그라우팅이 가능하도록 하는 용도로도 간혹 사용된다.

아래에 서술한 4가지 방법은 매스 콘크리트 공사할 경우에 효과적인 온도 제어 방법으로서, 이 중 일부 또는 전부가 적용될 수 있다.

- 시멘트계 재료의 사용량 제어 : 시멘트계 재료의 양과 종류를 선택하여 콘크리트의 발열량을 감소시킨다.
- 선행 냉각 : 물, 골재 등의 재료를 미리 냉각시켜 콘크리트의 타설 온도를 낮추게 한다.
- 관로식냉각 : 미리 매립된 냉각 파이프를 이용하여 콘크리트의 열을 제거시켜 구조물의 온도 상승을 제한한다.
- 시공 관리 : 콘크리트 타설 방법, 시공 일정, 시공 절차 등의 조절을 통하여 과도한 온도차로부터 구조물을 보호한다.

소형 구조물의 온도 제어는 야간이나 추운 날씨 등의 추운 기간에 타설 작업을 제한하는 정도로도 충분하다. 정반대의 경우, 추가적인 온도 제어 방법으로 다음의 사항을 포함하는 저발열 시멘트 시스템의 보완이 필요하다.

- 포졸란의 사용
- 골재 입도의 세심한 생산 제어 및 크기가 큰 골재를 사용함으로써 시멘트 사용량을 최소화
- 타설 온도를 낮추기 위해 골재와 배합수를 선행 냉각
  - 배합수의 냉각
  - 외기 온도가 낮은 계절 또는 서늘한 밤에 생산된 골재 사용
  - 배합수 일부를 얼음으로 치환
  - 골재를 그늘에서 저장
  - 골재 운반 컨베이어에 그늘막 설치
  - 골재에 살수하여 증발을 통한 온도 저감
  - 굵은 골재를 포화시키거나 냉각수에 침수
- 공기 연행제 또는 기타 화학적 혼화제를 사용하여 콘크리트의 굳지 않은 상태 및 경화된 상태의 물성 향상

- 적절한 타설 블록의 크기 적용
- 타설 주기와 타설고를 정하기 위해서 계절 변화를 고려한 시공 계획 조정
- 냉각된 콘크리트를 외기로부터의 열 흡수를 최소화하면서 급속히 타설하는 특별한 배합 장비와 타설 장비 사용
- 수분 양생할 때 표면 증발에 의한 냉각
- 매립 파이프를 통해 냉각수를 순환시켜 경화된 콘크리트로부터 열을 소산
- 콘크리트 내부와 외부 사이의 온도 차이를 최소화하기 위한 표면 단열 처리(격리, 보온)

얼음을 혼합수의 전체 또는 일부로 사용하거나 굵은 골재를 냉각하는 방법이 냉각시키기 어려운 잔 골재를 냉각하는 것보다 실용적이다. 결과적으로 타설 온도를 10℃ 이하로 하는 것이 가능하다. 타설 온도를 더 낮게 낮추기 위해서는 더 많은 노력이 필요하다. 혼합수에 액체 질소를 주입하는 방법도 매스 콘크리트 작업할 때 콘크리트의 온도를 낮추는 데 효율적으로 사용될 수 있다. 대부분의 경우, 액체 질소 주입을 통해 타설 온도를 18℃ 이하로 낮출 수 있다. 냉각된 콘크리트는 온도 저하에 따라 배합수 요구량이 감소하기 때문에 배합 설계할 경우 유리하다. 온도 해석을 통하여 설계조건이 만족되도록 타설 온도를 결정해야 한다.

온도 상승을 제한하는 주요 수단은 시멘트계 재료의 종류와 양을 조절하는 것이다. 콘크리트 배합 연구의 목적은 시멘트계 재료의 사용량을 설계강도를 위해 필요한 사용량보다 많지 않도록 맞추는 것이다. 일반적으로 콘크리트 작업성 확보를 위한 시멘트 입자의 최소 요구량이 시멘트 사용량을 낮추는 제한 요소가 된다. 매스 콘크리트 공사에서는 공기연행제, 포졸란, 또는 다른 화학적 혼화제와 같은 워커빌리티를 개선하는 혼화재료의 보완 없이 균열을 억제할 수 있도록 시멘트계 재료의 사용량을 낮추면서 작업성을 유지할 수 있도록 계속적으로 노력해야 한다. 중용열 시멘트에 대한 KS 규정에서는 재령 7일의 수화열을 290kJ/kg로 제한하고 있다. 포졸란을 대체제로서 사용할 경우 열 발생을 감소시키고 지연시킨다. 이러한 지연은 대부분의 경우 유리하지만 냉각 파이프를 사용하는 관로식냉각의 지속 기간이 길어지게 된다.

03 장

열 특성 및 역학적 특성

3.1 일반 사항

댐과 같은 매스 콘크리트 구조물의 설계와 시공은 현장 지형, 기초 특성 및 시공할 때 적절한 재료의 사용 가능성 등에 영향을 받는다. 경제성은 안전성 다음으로 시공할 때 중요한 고려 사항으로서, 경제성에 의해 주어진 현장 조건에 가장 적합한 구조물 형식이 결정된다. 마찬가지로 콘크리트의 배합 또한 강도와 내구성 및 열 특성과 같은 구조물의 형식별 요구 조건에 따라 결정되지만, 선택된 재료들을 사용하여 요구 성능을 만족하는 가장 경제적인 배합비를 결정하기 위한 연구도 필요하다.

널리 알려진 콘크리트의 특성으로는 압축강도, 인장강도, 탄성계수, 푸아송비, 인장 변형 능력, 크리프, 건조할 때 체적 변화, 단열 온도 상승, 열팽창계수, 비열, 열전도율과 열확산율, 수밀성, 내구성 등이 있다. 사전 평가할 경우에는 종종 경험에 기초하여 이들에 대한 대략적인 특성 값들이 사용된다. 이러한 대략적인 특성 값들이 유용하기는 하지만 신뢰할 만한 추정 값이 되기에는 콘크리트의 복잡한 이질 재료적 특성과 골재와 시멘트 페이스트 간의 물리화학적 상호작용 등이 충분히 알려지지 않았다. 따라서 최소한의 비용으로 안전한 구조물이 확보되기 위해서 광범위한 연구와 현장조사가 다시 한 번 강조된다. 또한 시편 및 구조물의 습윤 상태와 적정 하중 재하 속도 등도 콘크리트의 특성에 상당한 영향을 주기 때문에 알고 있어야 한다. 매스 콘크리트의 특성 시험할 경우 시편의 크기 및 방향의 영향 역시 중요하다.

매스 콘크리트와 일반 콘크리트 구조물 설계에 있어 구조물 전체의 성능 요구 조건과 구조물을 이루는 각 재료의 성능이 균형을 이루도록 하는 것이 매우 중요하다. 높은 강도가 항상 좋은 것은 아니다. 과도하게 높은 강도는 수화열 발생량이 많고 오히려 균열 발생 가능성이 높아질 수 있다. 또한 높은 강도의 배합은 수축량도 크기 때문에 균열 발생 가능성을 더욱 높이게 된다. Cannon(1991)은 과도한 시멘트 사용과 높은 강도의 콘크리트가 미치는 악영향을 최소화하기 위해 설계할 때 고려해야 할 사항을 제안하였다. 콘크리트의 강도를 과도하게 높이지 말고 실제적인 수준으로 제한할 필요가 있고, 콘크리트 배합을 최적화해야 하며 적절한 범위에서 설계강도를 최소화하고 물-결합재비에 대한 제한 규정을 완화시켜 적용해야 한다는 것이다.

수화열을 제어하기 위해 낮은 강도의 콘크리트를 사용하게 되지만, 이런 경우 초기 재령에서 매스 콘크리트에 가해지는 하중에 대해 충분한 고려가 있어야 한다. 콘크리트의 재령이 90일 또는 180일까지 외부의 하중이 가해지지 않으면 플라이 애쉬 콘크리트를 만들기 위해 포졸란 재료를 사용하는 것은 큰 문제가 되지 않는다. 그러나 포졸란 재료를 사용한 콘크리트는 초기 재령에서 시공하중을 지탱하기 어려울 정도로 현저히 낮은 강도를 나타낼 수 있고, 거푸집을 제거하고 줄눈을 설치하는 데까지 더 많은 양생 시간이 필요할 수 있다.

3.2 콘크리트 열 특성

콘크리트의 재료 및 온도 해석에 사용하는 열전도율, 열확산율, 비열 등의 열 특성 값은 콘크리트의 배합에 따라 적절한 값을 취해야 하며, 식 (3.1)로 표시한다.

$$h_c^2 = \frac{\lambda_c}{C_c\,\rho} \tag{3.1}$$

여기서, λ_c : 열전도율 (W/m℃)

C_c : 비열 (J/kg℃)

h_c^2 : 열확산율 (m^2/s)

ρ : 밀도 (kg/m^3)

콘크리트의 열 특성계수는 사용하는 콘크리트의 배합, 특히 골재의 성질 및 단위 골재량이나 콘크리트의 습윤 상태에 좌우되므로 이러한 영향을 적절히 고려해서 정해야 한다. 그러나 일반적인 콘크리트 구조물에 쓰이는 열전도율, 비열, 열확산율, 밀도, 열팽창계수는 표 3.1에 나타낸 값으로 볼 수 있다.

일반적인 암반의 밀도는 2,600 ~ 2,700 kg/m^3, 열전도율은 1.7 ~ 5.2 W/m℃, 비열은 710 ~ 880 J/kg℃ 로 취할 수 있다.

일반적인 콘크리트에서는 열전도율, 비열 및 열확산율을 표 3.1과 같이 보아도 좋다. 그러나 열전도율과 밀도가 정하여지면 다른 열계수는 식 (3.2) 및 식 (3.3)을 이용하여 추정할 수 있다.

$$h_c^2 = 3.34 \times 10^{-7} \lambda_c \tag{3.2}$$

$$C_c = 3.03 \times 10^6 / \rho \tag{3.3}$$

지반이나 암반 위에 타설한 콘크리트에 대하여 온도 해석을 실시할 경우 지반이나 암반의 열 특성 값이 필요하게 되는데, 이들 값은 기존의 자료를 참고로 하여 정해도 좋다. 표 3.2는 실제 매스 콘크리트 구조물의 열 특성을 나타낸 것이다.

표 3.1 콘크리트의 열 특성계수 일반 값

열 특성계수	사용 값
열전도율 (W/m℃)	2.6 ~ 2.8
비열 (J/kg℃)	1,050 ~ 1,260
열확산율 (m^2/s)	(0.83 ~ 1.10) × 10^{-6}
밀도 (kg/m^3)	2,300
열팽창계수 (/℃)	1 × 10^{-5}

표 3.2 매스 콘크리트의 열 특성*

구조물	굵은 골재의 종류	온도 (℃)	열팽창계수,† ($\times10^{-6}$/℃) 37.5mm	114mm	열전도율,‡ (kJ/m·h·℃)	비열 (kJ/kg·℃)	단위 중량 (kg/m^3)	열확산율§ [m^2/h]$\times10^{-3}$
Hoover	석회암, 화강암 (limestone and granite)	10	9.5	8.6	10.6	0.887	2500	4.7
		38			10.4	0.941		4.4
		66			10.3	1.050		3.9
Grand Coulee	현무암(basalt)	10	7.9	8.3	6.74	0.916	2534	2.9
		38			6.74	0.967		2.7
		66			6.78	1.075		2.5
Friant	규질 화강암, 유문암 (quartzite granite and rhyolite)	10	—	—	7.66	0.904	2465	3.4
		38			7.66	0.962		3.2
		66			7.70	1.017		3.1
Shasta	안산암, 점판암 (andesite and slate)	10	—	8.6	8.20	0.916	2510	3.6
		38			8.16	0.975		3.3
		66			8.16	1.033		3.2
Angostura	석회암(limestone)	10	7.2	—	9.29	0.925	2423	4.2
		38			9.20	0.992		3.8
		66			9.08	1.054		3.5
Kortes	화강 반려암, 규암 (granite gabbros and quartz)	10	9.4	8.1	10.0	0.870	2433	4.6
		38			9.96	0.925		4.4
		66			9.87(1.59)	0.979		4.1
Hungry Horse	사암(sandstone)	10	9.7	9.4	10.1	0.895	2425	4.6
		38			10.0	0.937		4.4
		66			9.87	0.983		4.2
Monticello	사암, 미사암, 규암, 유문암 (Sandstone, metasiltsone, quartzite, andrhyolite)	10	9.4	—	9.79	0.941	2454	4.3
		38			9.67	0.992		4.0
		66			9.54	1.046		3.7
Anchor	안산암, 조면안산암, 석회암 (andesite, latite, and limestone)	10	10.1	8.1	7.11	0.950	2388	3.2
		38			7.11	1.013		3.0
		66			7.15	1.079		2.8
Glen Canyon	석회암, 처어트, 사암 (limestone, chert, and sandstone)	10	—	—	13.3	0.908	2407	6.0
		38			12.8	0.971		5.5
		66			12.3	1.033		4.9
Flaming Gorge	석회암, 사암 (limestone and sandstone)	10	—	—	11.1	0.925	2411	5.0
		38			10.9	0.979		4.6
		66			10.8	1.038		4.3
Yellowtail	석회암, 안산암 (limestone and andesite)	10	—	7.7	9.67	0.946	2444	4.2
		38			9.46	1.000		3.9
		66			9.20	1.054		3.6
Dworshak	화강편마암(granite gneiss)	38	—	9.9	8.41	0.920	2467	3.9
Ilha Solteira	규암, 현무암 (quartzite and basalt)	38	—	12.5	10.8	0.920	2552	4.6
Itaipu	현무암(basalt)	38	—	7.8	6.61	0.975	2537	2.7
Theodore Roosevelt Modification	화강암(granite)	10	7.7	—	10.7	0.979	2380	4.6
		38			10.9	1.037		4.4
		66			10.6	1.088		4.1
Olivenhain	화강섬록암(granodiorite)	38	9.7	—	5.86	0.880	2360	2.8

*(U. S. Army Corps of Engineers 1966 ; U. S. Bureau of Reclamation 1961 ; Pacellidede et al. 1982).
† 37.5 mm와 114 mm는 콘크리트에 사용된 굵은 골재의 최대 치수임.
‡ 열전도율의 계산과정은 CRD-44 (U. S. Army Corps of Engineers 1949)에 설명되어 있음.
§ 편의상 열확산율은 m^2/day의 단위로 표현하기도 함.

3.2.1 열팽창계수

실험을 통해 열팽창계수를 측정할 수 없는 경우, 다음과 같이 열팽창계수를 가정할 수 있다. 석회암이 사용될 경우 9×10^{-6} mm/mm/℃, 규산질암이 사용된 경우 11×10^{-6} mm/mm/℃, 규암이 사용된 경우 13×10^{-6} mm/mm/℃을 사용하거나 표 3.2 또는 표 3.3을 참조하여 결정할 수 있다.

3.2.2 비열

일반 콘크리트의 온도당 열량 또는 비열은 굵은 골재의 특성, 온도 및 다른 인자들에 다소의 영향을 받지만 일반적으로 0.2 ~ 0.25 KJ/kg·℃ 범위에 놓인다.

3.2.3 열전도율

열전도율은 콘크리트가 열을 전달하는 능력을 나타내는 값으로 열 이동을 일으키는 단위 온도 경사당 열유속으로 정의된다. 굵은 골재의 광물학적 특성, 콘크리트의 수분 함량, 밀도, 온도 등이 열전도율에 영향을 미친다. 매스 콘크리트의 시공 과정에서 나타나는 통상적인 온도 변화의 범위에서, 또 초기 재령의 높은 함수량을 가정했을 때 열전도율은 표 3.4의 값을 참조하여 결정할 수 있다.

표 3.3 굵은 골재 종류에 따른 포틀랜드 시멘트 콘크리트의 열팽창계수

골재 종류	열전도율(W/m·℃)
화강암	7 ~ 9
현무암	6 ~ 8
석회암	6
백운암	7 ~ 10
사암	11 ~ 12
규암	11 ~ 13
대리암	4 ~ 7
콘크리트	7.4 ~ 13

표 3.4 골재 종류에 따른 콘크리트의 열전도율(U.S. Bureau of Reclamation 1940)

골재 종류	열전도율(KJ/kg · ℃)
규암	3.5
백운암	3.2
석회암	2.6~3.3
화강암	2.6~2.7
유문암	2.2
현무암	1.9~2.2

3.2.4 열확산율

열확산율은 콘크리트의 온도 변화를 나타내는 지표로, 수치적으로는 열전도율을 단위 질량과 비열을 곱한 값으로 나누어 얻을 수 있다. 열확산율은 콘크리트에 사용되는 굵은 골재의 종류에 따라 크게 변화하는 값이다. 표 3.5는 여러 종류의 굵은 골재가 사용된 콘크리트의 열확산율을 나타낸 것이다. 열확산율이 클수록 내부의 열이 밖으로 빠져나가기가 쉬어지는 것으로 이해할 수 있다. 단위 질량과 비열이 크게 변화하지 않는 일반 콘크리트의 경우 열확산율은 열전도율과 밀접한 관련을 갖게 된다: 높은 열전도율은 열을 쉽게 얻거나 잃을 수 있다는 것을 의미한다. 규암을 사용한 콘크리트의 경우 열확산율은 0.0060 m^2/h으로 보고되고 있다.

표 3.5 골재 종류에 따른 열확산율

굵은 골재	열확산율(m^2/day)	열확산율($m^2/h\times10^{-3}$)
규암	0.129	5.4
석회암	0.113	4.7
백운암	0.111	4.6
화강암	0.096	4.0
유문암	0.078	4.2
현무암	0.072	4.0

3.3 단열 온도 상승량

콘크리트의 단열 온도 상승 특성은 사용하는 시멘트의 종류, 단위 시멘트양, 콘크리트 타설 온도 등을 고려하여 적절한 방법으로 정해야 한다. 일반적으로 콘크리트의 단열 온도 상승량은 단열 온도 상승 시험 등을 통하여 얻는 것을 원칙으로 한다.

콘크리트의 발열 속도 및 크기는 시멘트와 포졸란 재료의 부피, 시멘트의 조성 및 분말도, 시멘트 수화반응 중의 온도에 따라 달라진다. 소요 강도, 내구성, 사용된 굵은 골재의 종류에 따라 콘크리트 배합의 단위 시멘트양이 달라진다. 발열량을 제어하는 방법으로 다음의 세 가지를 고려할 수 있다.

1. 저발열형 시멘트의 사용(KS L5201 참조)
2. 혼합된 수경성 시멘트의 사용(KS L 5210, KS L 5211, KS L 5401 참조). 이들 시멘트는 포틀랜드 시멘트 클링커에 대해 수화열 제한 규정을 적용한 것으로 수화열 저감 효과를 획득한 시멘트들이다.
3. 플라이 애쉬 또는 화산회 등의 포졸란 재료 또는 슬래그를 사용하여 장기 강도의 저감 없이 단위 시멘트양을 줄여서 사용. 몇 가지 사례에서 감수제를 사용하여 단위 시멘트양을 줄일 수 있음이 확인되었다. 2.2절에서는 매스 콘크리트에 일반적으로 사용되는 시멘트계 재료에 대해 자세히 다루고 있다.

그림 3.1은 22.8 ℃에서 타설된 단위 시멘트양 223 kg/m^3를 갖는 매스 콘크리트의 시간에 따른 단열 온도 상승곡선을 나타낸 것이다. 이들 곡선은 1960년 이전에 미국에서 생산된 시멘트에 대한 것이다. 현재에는 같은 종류의 시멘트라고 해도 분말도와 강도가 증가되었기 때문에 그림 3.1의 결과와는 매우 다른 단열 온도 상승 곡선을 보일 수 있다. 현재의 ASTM 규정에 따르면 두 가지 방법으로 시멘트의 수화열을 제한하고 있다: 1) 화학 조성을 제어하는 방법, 구체적으로 C3S와 C3A의 양을 제한하는 방법과 2) 물리적으로 수화열을 측정하는 방법으로 제어하는 방법이 있다. 이 두 가지 방법은 동시에 사용될 수 없다.

21 ℃ 이상에서 시멘트의 수화열 총량은 재령에 따라 매우 다르다. 따라서 수화열 측정 실험은 재령 28일까지 시멘트 수화에 의해 발생하는 총 발열량을 구하는 방법으로 이루어진다. 그러나 초기 재령에서 시멘트는 온도에 매우 민감하며, 따라서 일정한 온도조건에 수행되는 융해열 실험으로는 초기 재령의 단열 온도 상승을 정확히 반영할 수 없다. 다른 방법으로 등온조건에서 열량계를 사용하여 초기 재령에서 발열속도에 대한 데이터를 얻을 수 있다(Milestone과 Rogers 1981). 보다 정확한 수화열 측정을 위해서는 사용되는 시멘트

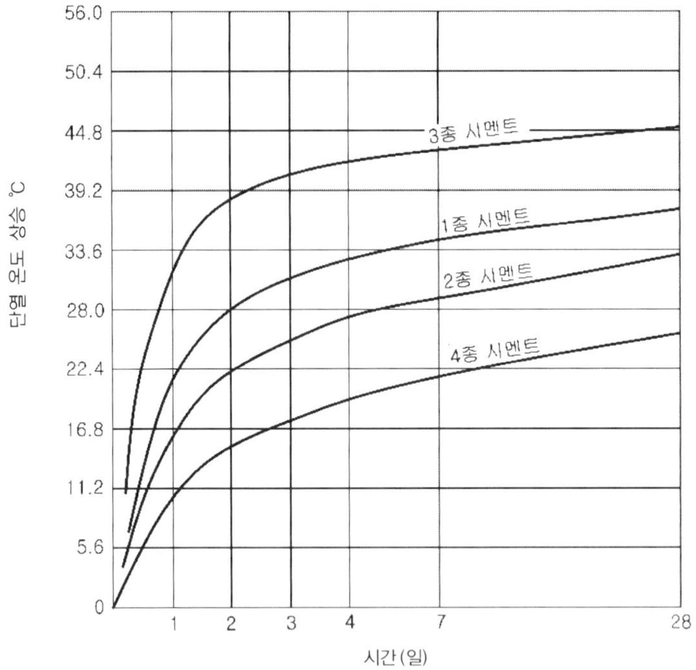

시멘트 종류	분말도 KS L 5106 (cm^2/gm)	재령 28 동안의 수화열 (cal/gm)
Ⅰ	1790	87
Ⅱ	1890	76
Ⅲ	2030	105
Ⅳ	1910	60

그림 3.1 **단위 시멘트양 223 kg/m^3에 대한 매스 콘크리트의 단열 온도 상승 곡선**

종류, 콘크리트 배합, 초기 타설 온도, 골재의 종류, 외부 환경 조건 등을 고려하여 실제 현장과 비슷한 조건을 실험실에서 모사하고 단열 온도 상승 시험을 수행해야 한다.

3.3.1 시멘트 분말도

시멘트 분말도는 초기 타설 온도와 마찬가지로 수화열의 총량보다는 발열 속도에 영향을 미친다. 시멘트 분말도와 초기 타설 온도에 따른 발열 속도는 그림 3.2와 그림 3.3에 각각 나타내었다. 이 두 개의 그래프는 Verbeck과 Foster(1950)의 시멘트 수화열에 대한 연구 결과를 외삽(extrapolation)하여 얻은 결과이다.

최대 분말도에 대한 제한 규정은 없다. 그림 3.1에서 나타낸 특정 시멘트의 총 단열 온도 상승 및 발열 속도는 시멘트의 종류, 화학 조성, 분말도에 따라 크게 달라질 수도 있다. 따라서 매스 콘크리트의 온도 상승을 평가하기 위해서는 시멘트의 분말도와 화학 조성을 반드시 고려해야 한다.

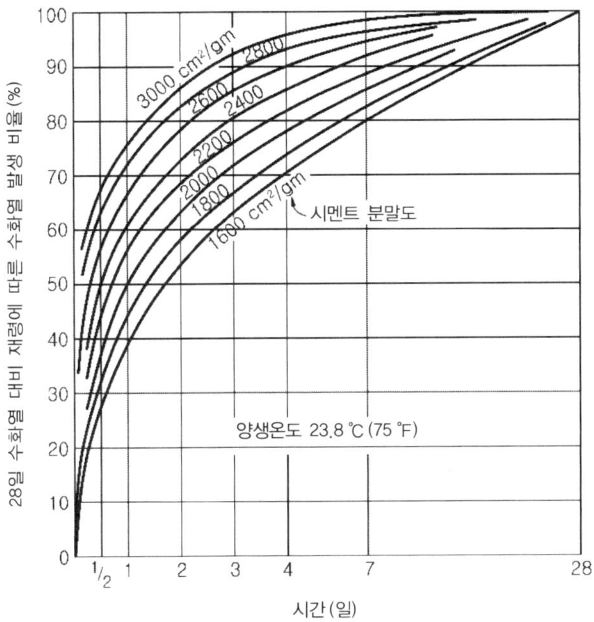

그림 3.2 23.8 ℃에서 양생된 시멘트 페이스트의 재령에 따른 수화 발열

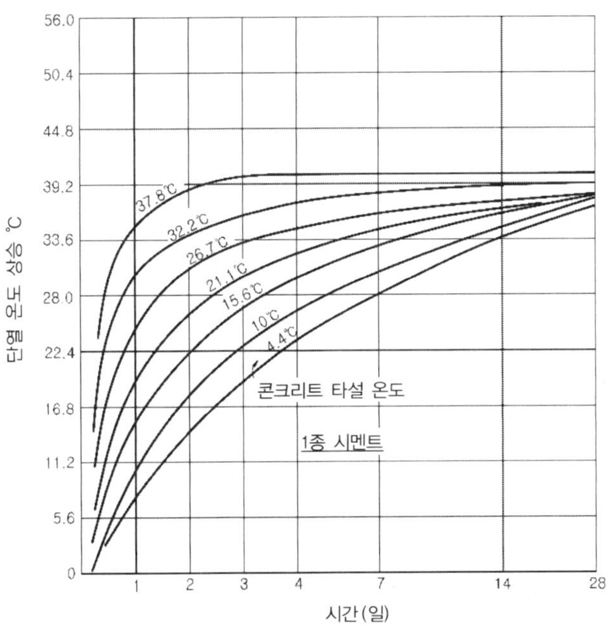

그림 3.3 타설 온도와 시간이 단열 온도 상승에 미치는 영향
(1종 시멘트, 단위 시멘트양 223 kg/m^3)

3.3.2 다른 시멘트계 재료

매스 콘크리트 또는 포장 슬래브에 대해 포졸란 및 슬래그가 종종 대체 결합재로 사용된다. 일반적으로 포졸란 재료가 전체 발열량에 미치는 영향은 재령이 증가할수록 또 포졸란 재료의 분말도가 높을수록 증가한다. 초기 재령에서 플라이 애쉬의 발열량은 같은 양의 시멘트와 비교했을 때 15 퍼센트에서 35 퍼센트 정도로 평가된다. 일반적으로 15 퍼센트의 발열량은 플라이 애쉬와 시멘트의 통합 분말도가 시멘트 자체 분말도의 2/3에서 3/4 정도로 낮아진 것에 해당하는 것이다. 35 퍼센트의 발열량은 통합 분말도가 시멘트 자체 분말도보다 크거나 같은 상태에 해당된다.

재령 3일까지의 초기 재령에서, ASTM C618의 Class F 포졸란을 포함한 콘크리트의 온도 상승은 거의 대부분 시멘트의 수화에 의한 것이고 포졸란에 의한 온도 상승은 거의 없다. 재령 7일 이후에서 포졸란에도 수화가 진행되며, 치환된 양과 같은 양의 시멘트가 발생시키는 열의 50 퍼센트 정도를 발생시킨다. ASTM C618 Class C 플라이 애쉬는 Class F 또는 Class N 포졸란에 비해, 특히 초기 재령에서 많은 열을 발생시킨다.

시멘트의 일부를 포졸란으로 치환하는 것은 시멘트계 재료가 발생시키는 열을 크게 감소시킬 수 있고, 최고 온도가 발생하는 시점을 30에서 60일까지 지연시킬 수 있다. 추운 날씨에 다단 타설을 빨리 진행하는 경우, 롤러-다짐 콘크리트에서 흔히 나타나듯이, 포졸란의 사용이 오히려 매스 콘크리트 내부에 더 많은 열을 갇히게 하는 효과는 낼 수 있다. 이것은 이미 타설된 콘크리트의 열이 외부로 빠져나가기 전에 다시 상부에 콘크리트가 타설되기 때문으로, 지연제가 사용되면 이러한 효과가 더욱 배가된다.

포졸란 재료는 콘크리트의 탄성 및 크리프 특성을 크게 변경시킬 수 있어, 결과적으로 균열 발생에 큰 영향을 미치게 된다. 여러 영향인자를 고려하여 최적의 포졸란 사용량을 결정해야 하며 재료에 대한 실험 및 연구 조사가 필요할 수 있다.

3.3.3 단열 온도 상승의 평가 방법

콘크리트의 단열 온도 상승 특성은 콘크리트 타설이 끝난 후 콘크리트 내부의 온도 변화를 해석하기 위한 기본적인 자료이며, 단열 온도 상승 특성의 설계 값은 수화 지연 효과가 현저한 혼화제 및 혼화재를 이용하지 않는 경우에는 다음 식으로 나타낸다.

$$Q(t) = Q_{\infty}(1 - e^{-rt}) \tag{3.4}$$

여기서, Q_∞ : 최종 단열 온도 상승량(℃)으로서 시험에 의해 정해지는 계수

r : 온도 상승속도로서 시험에 의해 정해지는 계수

t : 재령(일)

$Q(t)$: 재령 t 일에서 단열 온도 상승량(℃)

그러나 위의 식은 초기의 발열 상태를 과도하게 평가하고 있어 수화 지연 효과가 현저하게 나타나는 경우에는 다음의 근사식을 사용해도 된다.

$$Q(t) = Q_\infty (1 - e^{-\alpha(t - t_0)}) \tag{3.5}$$
$$Q(t) = Q_\infty (1 - e^{-\alpha t^\beta})$$

계산이나 기존의 자료에 의해 단열 온도 상승 특성을 추정할 경우에는 시멘트의 종류,

표 3.6 식 (3.4)에서의 Q_∞ 및 r의 표준값

시멘트의 종류	타설 온도 (℃)	$Q(t) = Q_\infty(1 - e^{-rt})$			
		$Q_\infty(C) = aC + b$		$r(C) = gC + h$	
		a	b	g	h
보통 포틀랜드 시멘트	10	0.12	11.0	0.0015	0.135
	20	0.11	13.0	0.0038	−0.036
	30	0.11	12.0	0.0040	0.337
중용열 포틀랜드 시멘트	10	0.11	6.0	0.0003	0.303
	20	0.10	9.0	0.0015	0.279
	30	0.11	9.0	0.0021	0.299
조강 포틀랜드 시멘트	10	0.13	15.0	0.0016	0.478
	20	0.13	12.0	0.0025	0.650
	30	0.13	10.0	0.0014	1.720
저열 포틀랜드 시멘트	10	0.10	1.9	0.00018	0.229
	20	0.10	2.2	0.00032	0.225
	30	0.10	2.6	0.00062	0.218
고로 슬래그 시멘트	10	0.11	14.0	0.0014	0.073
	20	0.10	15.0	0.0025	0.207
	30	0.10	15.0	0.0035	0.332
플라이 애쉬 시멘트	10	0.15	−3.0	0.0007	0.141
	20	0.12	8.0	0.0028	−0.143
	30	0.11	11.0	0.0030	0.059

주 1) C는 결합재 질량으로서 단위는 kg/m^3임.
2) 이 표에서 결합재 질량을 기준으로 고로 슬래그 시멘트는 슬래그 40 퍼센트, 플라이 애쉬 시멘트는 플라이 애쉬 20 퍼센트의 혼입률을 고려한 것임.

단위 시멘트양 및 타설 온도를 고려하여 표 3.6에 나타낸 회귀식에 의해 Q_∞ 및 r을 추정할 수 있다.

고로 슬래그 시멘트의 단열 온도 상승은 포틀랜드 시멘트에 비해 제품의 종류나 생산공장 등에 의한 차이가 크므로 수화열을 예측할 때 주의가 필요하다.

단열 온도 상승 특성은 필요에 따라 단열 온도 상승 시험기를 이용한 시험에 의하여 결정하는 것이 바람직하지만, 시험에 의하지 않을 경우에는 표 3.6을 사용하여 추정할 수도 있다. 단열 온도 상승 시험은 시험용기 50ℓ 이상의 것을 표준으로 한다.

단열 온도 상승 특성에 영향을 미치는 여러 가지 요인 가운데 시멘트의 종류, 단위 시멘트양, 혼화 재료의 사용 및 타설 온도 등은 그 영향이 크므로 계산 혹은 기존의 자료에 의하여 단열 온도 상승 특성을 추정할 경우에는 이러한 요인들을 고려해야 한다. 시멘트의 종류, 단위 시멘트양 및 타설 온도가 주어지면 표 3.6의 값을 이용하여 식 (3.4)의 회귀 식에 의해 단열 온도 상승 특성 곡선식을 얻을 수 있다.

또한 표 3.6에 명기된 시멘트 이외에 수화열 저감 목적으로 다른 시멘트를 사용할 경우에는 단열 온도 상승 시험 결과 또는 단열 온도 상승 시험 실시와 동등한 검토 자료를 제출물에 포함해야 한다.

같은 분말도를 갖는 시멘트의 24시간 이후 발열 과정은 화학 조성이 다른 경우라도 큰 차이가 없다. 적절한 실험 측정값이 없는 경우 28일의 단열 온도 상승 H_a(℃)는 다음의 식으로부터 근사적으로 구할 수 있다.

$$H_a = \frac{h_g w_c}{(924)(2400)} \tag{3.6}$$

여기서, 924 : 콘크리트의 비열 (J/kg·℃)

2400 : 콘크리트의 단위 질량 (kg/m^3)

h_g : 28일 측정된 시멘트 수화열 (J/kg)

w_c : 시멘트의 단위 무게 (kg/m^3)

단위 시멘트양이 223 kg/m^{3}인 콘크리트 배합의 경우, H_a=0.42h_g(℃)이다. 시멘트 함량이 높지 않은 경우, 재령에 따른 수화열의 총량은 시멘트양에 선형으로 비례한다.

그러나 시멘트 함량이 높은 경우는 온도 상승이 다시 수화반응을 촉진시켜 초기 재령에서 매우 큰 수화열을 발생시킬 수도 있다. 플라이 애쉬 및 다른 포졸란 재료를 사용하는 경우, 수화열의 총량은 시멘트 함량에 포졸란 재료의 비율을 더해 계산된 시멘트 등가 함량 C_{eq}에 비례하여 발생된다. 포졸란이 수화열에 미치는 영향은 콘크리트의 재령, 포졸란 재료의 종류 및 분말도에 따라 다르게 나타난다. 포졸란 재료가 포함된 경우 수화열과 분말도는 실험을 통해 파악하는 것이 바람직하다.

그림 3.1에서 보았듯이, 3종 조강 시멘트는 가장 빠르게 수화열을 발생시키며 가장 높은 단열 온도 상승을 나타내게 된다. 시멘트가 콘크리트 배합 내에서 수화 반응에 따른 열을 발생시키기 때문에 단위 시멘트양이 223 kg/m^3과 다를 경우, 온도 상승은 시멘트 함량의 상대적인 크기를 나타내는 계수를 그림 3.1의 값에 곱하여 근사적으로 구할 수 있다.

시멘트의 일부가 포졸란 재료로 치환되는 경우의 단열 온도 상승 곡선은 시멘트만 사용된 경우와 큰 차이를 나타내며, 특히 초기 재령에서의 발열이 상대적으로 매우 작다. 포졸란 재료의 영향은 분말도 및 조성, 같이 사용되는 시멘트의 종류 및 양에 따라 매우 다르다. 그러나 대략적으로 포졸란 재료로 치환된 만큼의 시멘트가 발생하는 수화열의 50 퍼센트 정도 발생하는 것으로 가정할 수 있다.

일반적으로 화학 혼화제는 콘크리트 배합 후 처음 몇 시간 정도만 수화반응 및 수화열에 영향을 미치고 그 이후에는 큰 영향이 없다. 댐, 대형기초, 교각 등의 매스 콘크리트 구조물의 온도 해석에서 앞서 언급한 사항들은 단지 사전 예비 해석에만 적용할 수 있다. 정확한 단열 온도 상승 곡선은 실제 사용되는 콘크리트에 대하여 현장과 동일한 타설 온도에서 실험을 통해 결정되어야 한다.

3.3.4 부재의 부피 및 표면적이 미치는 영향

콘크리트가 넓은 영역에 타설되는 경우 또는 전체 부피에 대한 표면적의 크기가 큰 경우, 거푸집의 단열 효과가 크지 않으면 수화열은 표면을 통해 쉽게 빠져나갈 수 있다. 그러나 대부분의 경우 내부의 높은 온도와 표면의 낮은 온도에 의해 시간에 따른 열전달이 발생하게 된다. 수화 발열 속도는 대체적으로 초기 타설 온도, 부재의 크기, 외부 환경 등에 영향을 받지만, 매우 많은 변수들이 영향을 미칠 수 있어 이를 정확히 평가하는 것은 어려운 일이다. 우선 사용되는 콘크리트의 수화열 측정값, 타설 온도, 대기 온도를 고려하여 콘크리트의 온도 이력을 계산하는 것이 바람직하다. 타설 온도와 대기 온도를 같은 값으로 가정할 경우 계산 과정이 다소 단순해질 수 있다. 그 다음 실제 온도 차이, 부재의 크기 및 부피 대 표면적 비(V/S)를 고려하여 계산 값을 수정해 나갈 수 있다. V/S는 내부 콘크리트로부터 열이 빠져나가는 평균 거리를 의미하는 값으로 이해할 수 있다.

매우 일반적인 콘크리트 구조물의 경우 최대 온도는 타설 후 일주일 안에 어느 시점에서든 나타날 수 있다. 그림 3.4는 1종 시멘트가 사용되는 경우에 대해 타설 온도와 부재의 V/S에 따라 최대 온도가 나타나는 시점이 어떻게 달라지는지를 보여주고 있다. 시멘트의 종류, 즉 시멘트가 낮거나 높은 수화열 발생 특성을 갖는 경우, 최대 온도 발생 시점 또한 짧아지거나 길어질 수 있다.

시멘트의 종류에 따라서도 수화열은 큰 차이를 나타낸다. 초기 재령에서 3종 시멘트의 수화열은 11 ℃ 정도 높은 타설 온도의 1종 시멘트와 비슷하다. 2종과 4종 시멘트의 경우 각각 6, 11 ℃의 낮은 타설 온도의 1종 시멘트와 비슷한 수화열을 발생하게 된다. 그림 3.4는 타설 온도가 27 ℃인 1 m 이하의 V/S에 대해서 1일 이내에 최고 온도에 도달하게 된다는 것을 보여주고 있다.

그림 3.5는 1종 시멘트의 함량이 223 kg/m^{3}이고 타설 온도가 10에서 38 ℃의 범위에서 대기 온도는 타설 온도와 같다는 가정하에 콘크리트 부재의 최대 온도 상승을 나타낸 것이다. 시멘트의 종류 및 함량이 다를 경우는 그림 3.5의 결과에 대한 보정을 통해 최대 상승 온도를 예측할 수 있다. 대기와 타설 온도의 차이에 대해서는 그림 3.4를 통해 최대 온도 발생 시점을 파악하고 그림 3.6을 사용하여 보정할 수 있다. 감수제 또는 지연제가 최대 상승 온도에 미치는 영향은 콘크리트 배합 후 12 에서 16 시간까지로 한정되며, 이 기간 이후에는 큰 영향이 없다. 이들 혼화제는 24 시간 이후의 콘크리트 수화반응에 큰 영향을 미치지 않고, 따라서 혼화제에 대한 보정은 하지 않아도 무방하다.

그림 3.4에서 그림 3.6까지의 계산 과정에서 열확산율은 0.11 m^2/day인 것으로 가정하였다. 이보다 높거나 낮은 열확산율을 갖는 콘크리트의 경우 V/S의 값이 작아지거나 증가하게 될 것이다. 이는 실제의 V/S 값에 0.11 m^2/day을 콘크리트의 실제 열확산율로 나눈 값을 곱하여 보정할 수 있다.

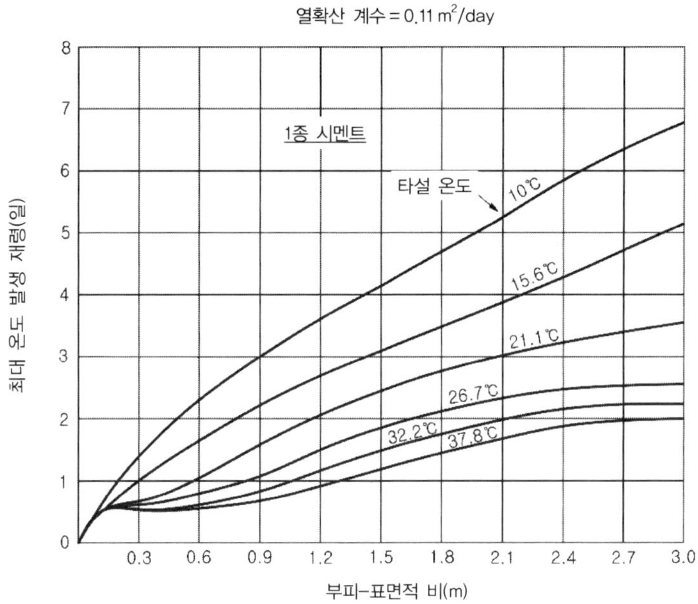

그림 3.4 **타설 온도와 표면 노출이 최대 온도가 발생하는 재령에 미치는 영향 (1종 시멘트, 타설 온도 = 대기 온도)**

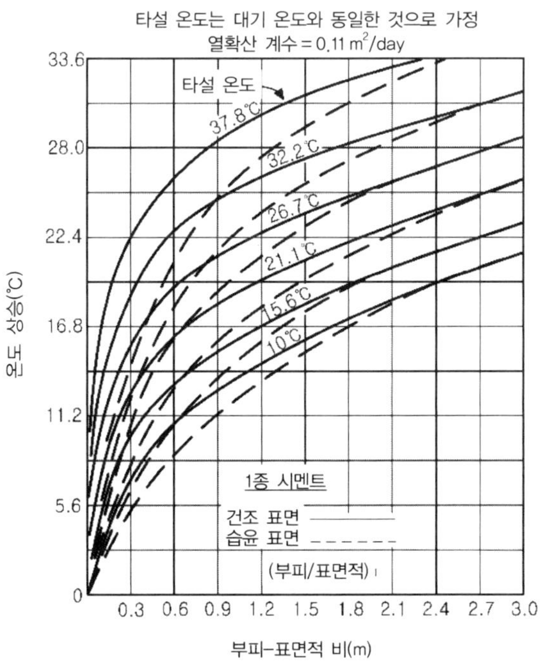

그림 3.5 **타설 온도에 따른 단위 시멘트양 223 kg/m³인 콘크리트 부재의 온도 상승**

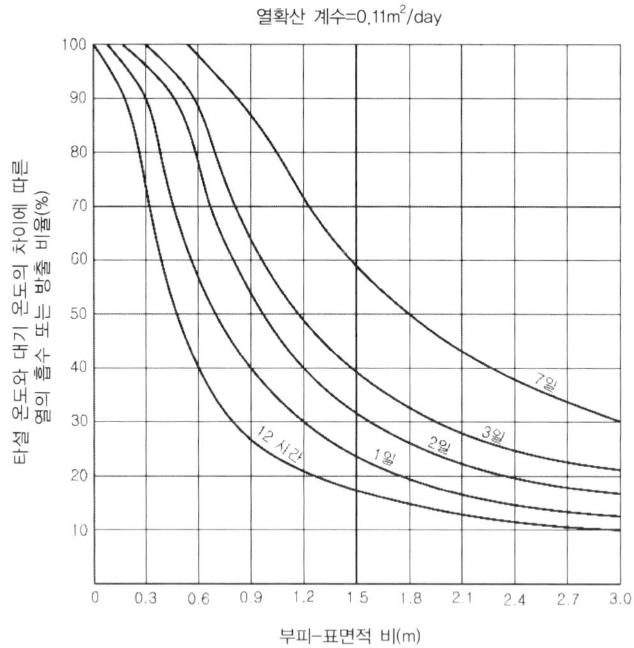

그림 3.6 타설 온도와 대기 온도 차이에 의한 공기와 콘크리트의 열 교환

3.3.5 기타 사례

기초 또는 기초판은 근본적으로 한쪽 면으로 타설된 벽체로 볼 수 있다. 표 3.7은 이런 경우에 예상되는 최대 온도를 나타낸 것이다. 표 3.8은 기초 또는 기초판이 아닌 수직으로 타설된 벽체에 대한 예상 최대 온도이다. 기초의 온도 상승이 벽체보다 높은 것은 아니다. 그러나 최대 온도가 나타나는 영역이 훨씬 넓고 최대 온도의 발생 시점이 벽체의 경우보다 늦다. 인장력과 압축력에 대한 평형을 고려했을 때, 중앙부의 압축응력은 작고 일정하게 분포하는 반면 표면부의 인장응력은 매우 높게 나타나게 된다.

적절한 날씨 조건에서 정교한 균열 제어 공법을 적용하여 균열 없이 시공된 매스 콘크리트의 예로 영국에서 시공된 기초판을 들 수 있다(Fitzgibbon, 1973). 480 m^2의 면적에 높이는 2.5 m, 단위 시멘트양은 418 kg/m^3 이었고 한 번에 타설되었다. 최대 콘크리트 온도는 65 ℃로 측정되었다. 측면에 19 mm 두께의 합판을 부착하였으며 상부 표면에는 25 mm 두께의 모래층 밑에 플라스틱판을 설치하였다. 합판과 플라스틱판은 재령 7일에 철거하였고 1월의 대기 온도 및 상대 습도에 노출되었다.

표 3.7 바닥 슬래브에서의 온도 상승

	슬래브 두께(m)						
	0.9	1.5	3.0	4.6	6.1	7.6	Infinite
단위 시멘트양 당 최대 온도 상승 ℃/kg	5.6	8.7	13.1	15.0	15.7	16.2	16.7

가정 사항 : KS L 5201 중용열 시멘트 사용함.
타설 온도는 대기 온도와 동일함.
양방향 노출
열확산율 0.093 m^2/day

표 3.8 벽체에서의 온도 상승

	벽체 두께(m)						
	0.3	0.6	0.9	1.2	1.5	4.0	Infinite
단위 시멘트양 당 최대 온도 상승 ℃/kg	1.2	4.0	4.9	6.6	8.1	12.8	16.7

가정 사항 : KS L 5201 중용열 시멘트 사용함.
타설 온도는 대기 온도와 동일함.
양방향 노출
열확산율 0.093 m^2/day

3.4 압축강도

물-시멘트비는 경화된 포틀랜드 시멘트 결합재의 품질에 광범위한 영향을 미친다. 강도, 수밀성 등 대부분의 콘크리트 특성들은 물-시멘트비를 낮출수록 향상된다. 표 3.3에 정리한 압축강도에 대한 실험 자료들은 물-시멘트비와 강도 사이의 직접적인 상관관계로부터 상당히 분산되어 분포됨을 보여준다. 물-시멘트비와 부분 또는 완전히 독립적으로 콘크리트의 강도에 영향을 미치는 요소는 다음과 같다.

- 시멘트의 성분과 분말도
- 포졸란의 종류와 양
- 골재의 형상과 표면 상태
- 골재의 강도와 광물학적 성질
- 골재 입도
- 혼화제 사용에 의한 물-시멘트비 감소

표 3.9 매스 콘크리트의 압축강도 및 탄성 특성

No.	댐	압축강도(MPa)				탄성 특성							
						탄성계수(E×10^4, MPa)				푸아송비			
		재 령(일)				재 령(일)				재 령(일)			
		28	90	180	365	28	90	180	365	28	90	180	365
1	Hoover	20.9	22.8	–	29.6	3.8	4.3	–	4.7	0.18	0.20	–	0.21
2	Grand Coulee	33.0	35.6	–	41.3	3.2	4.2	–	4.1	0.17	0.20	–	0.23
3	Glen Canyon	17.6	26.3	27.2	–	3.7	–	4.0	–	0.11	–	0.14	–
4	Glen Canyon*	24.1	33.8	45.2	47.0	3.7	4.3	4.6	–	0.15	0.15	0.19	–
5	Flaming Gorge	20.3	24.1	26.7	32.3	2.4	3.0	3.2	–	0.13	0.25	0.20	–
6	Yellowtail	–	31.6	37.4	38.9	–	4.2	3.7	4.3	–	0.24	0.26	0.27
7	Morrow Point	32.9	41.1	44.3	46.1	3.0	3.4	3.7	3.2	0.22	0.22	0.23	0.20
8	Lower Granite	8.8	14.3	16.7	18.8	1.9	2.7	2.6	2.7	0.19	0.20	–	–
9	Libby	10.0	17.0	–	22.0	2.2	2.8	–	3.8	0.14	0.18	–	–
10	Dworshak	8.3	14.0	–	21.4	–	2.6	–	2.6	–	–	–	–
11	Ilha Solteira	16.0	19.0	21.0	22.0	3.5	4.1	–	–	0.15	0.16	–	–
12	Itaipu	13.0	18.0	18.0	19.0	3.8	4.3	4.3	4.5	0.18	0.21	0.22	0.20
13	Peace site	21.1	27.2	31.1	32.2	–	–	–	–	–	–	–	–
14	Theodore Roosevelt modification	16.5	31.0	37.4	40.0	3.1	3.7	–	4.3	0.20	0.21	–	0.21

고강도 콘크리트는 얇은 아치식 댐을 제외하고는 일반적으로 매스 콘크리트 구조물에 사용되지 않는다. 콘크리트의 배합설계할 경우 경제성 및 온도 상승량 최소화에 부합하기 위해서 강도 기준을 만족시키는 한도 내에서 시멘트양이 최소화되도록 설계한다. 때때로 강도보다는 작업성과 내구성의 측면에서 포틀랜드 시멘트 함량이 결정된다.

일반적으로 매스 콘크리트는 초기 재령에서 큰 응력에 견디도록 설계되지는 않는다. 따라서 시멘트계 재료의 강도 특성을 최대한 이용하기 위해 일반적으로 매스 콘크리트 설계강도의 기본이 되는 재령은 90일에서 1년, 때때로 2년에 이르기도 한다.

물성 확인용 공시체 시편은 시공할 때 반죽질기를 제어하고 유지하는 데 이용하기 위해 초기 재령에서 제작하여 시험해야 한다. 물성 확인용 공시체 시험은 일반적으로 150 mm×300 mm 크기의 원통형 시편이 사용되는데, 습윤 체가름을 통해 최대 치수 37.5 mm 이상의 골재가 제거된 콘크리트를 이용하여 시험한다. 습윤 체가름된 콘크리트에 대한 조절 재령에서의 강도와 실제 매스 콘크리트를 대표할 수 있는 크기의 시편에 대한 설계 재령에서의 강도를 비교하는 상관성 시험을 실시공 이전에 실시해야 한다. 크기가 900

mm×1,800 mm인 대형 시편의 강도는 일반적으로 같은 재령에서 시험한 150 mm×300 mm 원통 시편 강도의 80 ~ 90 퍼센트 정도이다. 재령 28일 이후 지속적으로 증가되는 강도 발현량에 대한 (특히 포졸란이 사용된 경우에) 재령 1년에서의 상관계수는 28일 재령에서 시험한 습윤 체가름된 콘크리트 강도의 1.15 ~ 3.0배 범위에 있게 된다.

미국 ASTM C 684에 규정한 급속 양생 절차를 따른 재령 24 ~ 48 시간의 압축강도 시험 결과는 콘크리트의 잠재적인 강도에 대한 지표가 될 수 있다. 그러나 이 방법에 의한 결과의 이용은 콘크리트 품질 변화 감지 및 물성 확인용에 국한되어야 한다. 급속 강도 측정값이 동일 콘크리트에 대해 같은 시기에 만들어진 시편의 장기 강도 측정값과 만족할 만한 상관관계가 수립되는 경우에 유용하게 사용될 수 있다. 비록 측정값이 콘크리트 구조물의 실제 미래 강도와 상관관계가 높지 않더라도 시공중에 유용하게 사용될 수 있다.

소형 시편의 강도 시험 결과와 매스 콘크리트 구조물의 예상 강도 간의 관계에는 몇몇 복잡한 요소가 관련되어 있어 아직 그 관계가 완전히 규명되지는 않았다. 이러한 복잡성 때문에 일반적으로 콘크리트 요구 강도는 매스 콘크리트 구조물을 위해 계산된 최대 설계 응력의 몇 배를 사용하게 된다. 예를 들어 미국 USBR과 USACE에서 일반적으로 사용하는 중력식 댐의 설계기준에서는 상시 하중조합에 대한 허용압축응력을 콘크리트 압축강도의 1/3 수준으로 지정한다. 허용응력과 안전율의 선택은 구조물의 종류와 검토할 하중 조건 및 구조물의 위치에 의해 정해진다.

압축에 강한 콘크리트가 인장에도 강하지만 강도 관계가 선형적이지는 않다. 인장 강도는 몇몇의 시험으로 측정되는데 주로 직접 인장, 쪼갬인장, 파괴계수(휨) 시험 등을 사용한다. 각각의 시험 결과와 압축강도의 관계는 같지 않다. ACI 318에서는 인장강도 f_t와 압축강도 f_c의 관계식을 다음과 같이 규정하고 있다.

$$f_t = 0.6 f_c^{1/2} \quad \text{(MPa)} \tag{3.7}$$

콘크리트의 강도는 하중 재하 속도에도 영향을 받는다. 일반적으로 언급되는 강도는 정적 하중에 대한 것으로 고정하중과 같이 작용되기까지 상당한 시간이 소요된다. 그러나 지진 시에는 초를 나누는 짧은 시간 동안에 응력이 완전히 발현된다. 이러한 속도로 하중이 재하되었을 때, 습윤 상태 시편의 압축강도는 표준 재하 속도에서 구한 값과 비교하여 30 퍼센트 이상 증가하게 되며 인장 강도는 50 퍼센트 이상 증가하게 된다.

3.5 탄성계수

콘크리트는 완전 탄성체가 아니며, 하중이 점차 증가할 때 응력-변형률 관계는 일반적으로 비선형성을 보인다. 그러나 실용적인 범위, 즉 매스 콘크리트 구조물에서 일반적으로 발생될 수 있는 응력의 범위 내에서 탄성계수는 상수로서 고려된다.

표 3.3에서는 미국의 몇몇 대표적인 댐들의 콘크리트 탄성계수가 정리되어 있다. 여기서 콘크리트 탄성계수는 재령 28일에서 19 ~ 38 GPa, 재령 1년에는 26 ~ 47 GPa의 범위를 나타낸다. 일반적으로 고강도 콘크리트의 탄성계수는 크고 콘크리트의 강도가 증가할수록 탄성계수도 증가하는 상관관계를 가진다. 그러나 엄밀히 말해 콘크리트의 탄성계수는 콘크리트의 강도에 비례하지 않고 골재의 탄성계수에 의해 영향을 받는다. 이전의 콘크리트 탄성계수 시험으로부터 얻은 데이터는 편차가 매우 큰데, 이는 크기가 큰 골재가 함유된 불균질한 배합에 대해 매우 작은 변형률을 측정하려는 시도에서 오차가 포함되었기 때문이다. 최근 LVDT(linear variable defferential transformer)와 같은 현대식 전자장비는 미세한 길이 변화를 상당히 정밀하게 측정할 수 있다. 한편, 콘크리트에서 인장 탄성계수는 일반적으로 압축 탄성계수와 동일하게 본다.

표 3.3에서 주어진 콘크리트의 푸아송비는 대체로 0.16과 0.2 사이의 값이고, 양생 시간이 증가할수록 조금씩 증가하며, 가장 작은 값은 0.11, 큰 값은 0.27이다. 푸아송비 역시 탄성계수와 마찬가지로 골재, 시멘트 페이스트, 그리고 이 둘의 배합 비율에 영향을 받는다.

하중을 받는 콘크리트의 내부 미세 균열 진전은 단기간의 하중 재하 조건에서 공칭강도의 약 35 ~ 50 퍼센트 정도의 압축응력에서 시작되는데, 이 응력을 초과할 경우, 콘크리트의 전반적인 체적 변형은 내부 균열들에 의해 늘어난 체적이 반영된 것이며 이때부터 푸아송비와 탄성계수는 더 이상 일정하지 않다. 여러 연구 결과에서 탄성계수는 재하 조건(정적 하중 또는 동적 하중) 따른 변화가 상대적으로 없음을 보고하였고, 푸아송비 역시 정적 하중과 동적 하중에 대해서 동일한 것으로 고려될 수 있다.

표 3.4는 다른 종류의 굵은 골재가 사용된, 일반적인 네 가지 매스 콘크리트에 대해 하중이 가해지는 순간에서의 탄성계수와 하중이 일정 기간 지속되는 경우의 탄성계수를 나타낸 것이다. 1년간의 지속 하중에 대한 낮은 탄성계수는 콘크리트의 크리프 변형에 의해 추가적으로 유발된 변형이 고려된 때문이다. 1년 이내의 지속 하중에 대해 변형률의 증가는 하중 지속 기간의 로그 값에 선형으로 비례한다. 예를 들어 90일에 하중이 가해진 현무암 콘크리트는 초기 변형률이 35.7×10^{-6}/MPa이고 1년 후의 변형률은 58.8×10^{-6}/MPa이다. 재령 100일, 초기 하중이 가해진 후 10일이 경과된 시점에서의 변형률은 다음의 식으

표 3.10 일반적인 매스 콘크리트의 단기 및 장기 하중에 대한 탄성계수(Harboe, 1958)

하중이 가해지는 시점의 재령	GPa							
	현무암		안산암과 점판암		사암		사암과 규암	
	E	E'	E	E'	E	E'	E	E'
2	12	5.7	9.7	4.7	19	10	9.7	4.3
7	16	7.6	14	6.9	29	13	15	6.5
28	24	12	24	12	31	18	25	12
90	28	17	30	19	36	29	29	18
365	34	21	32	24	39	32	32	21

주의 : 탄성계수는 최대 골재 크기 40 mm에 대해 습식 체가름한 콘크리트에 대해 측정되었음.
E = 하중이 가해지는 시점에서의 탄성계수 ; E' = 하중이 처음 가해지고 365일 동안 지속된 경우의 탄성계수

로 계산할 수 있다.

$$35.7 + (58.8 - 35.7)\log 10/\log 365 = 44.7\ (\times 10^{-6}/\mathrm{MPa}) \tag{3.8}$$

식 (3.2)로부터 계산된 변형률을 사용하여 탄성계수를 계산하면 22GPa가 된다.

표 3.10에서 주어진 탄성계수 값들은 골재의 종류에 따라 크게 변화하며, 보다 정밀한 분석이 필요한 경우 사용된 골재와 콘크리트 배합에 따른 크리프 실험 결과를 바탕으로 탄성계수를 추정하는 것이 바람직하다.

3.6 크리프

콘크리트의 크리프는 지속 하중에 의한 시간 의존적인 변형이다. 콘크리트의 크리프는 주로 탄성계수와 연관된다. 일반적으로 콘크리트의 탄성계수가 클 경우 크리프 변형은 적게 발생된다. 크리프의 주된 원인은 시멘트 페이스트이다. 골재의 배합 조건이 동일한 콘크리트에서 크리프의 크기는 시멘트 페이스트의 양과 비와 밀접하게 연관된다.

크리프 효과를 표현하는 방법 중 한 가지는 콘크리트의 지속 탄성계수로서, 응력을 콘크리트가 하중을 받는 동안 발생된 총 변형으로 나누어 산정한다. 콘크리트의 순간 및 지속 탄성계수를 습윤 체가름을 통해 크기 37.5 mm 이상의 골재를 제거한 150 mm 지름 원주 공시체를 이용하여 측정한 결과를 표 3.5에 정리하였다. 순간 탄성계수는 콘크리트에 하중

이 재하된 직후에 측정되는 값이고 지속 탄성계수는 재하 후 재령 365일과 1,000 일일 때 측정된 값을 나타낸다. 표 3.4에 의하면 지속 탄성계수는 초기 재령에서는 순간 탄성계수의 약 1/2 정도의 값이고, 재하 재령 90일 이상에서는 순간 탄성계수에 대한 비율이 다소 높아진다. 콘크리트의 크리프는 작용응력이 콘크리트 강도의 약 40 퍼센트까지는 작용응력-강도 비에 비례한다.

콘크리트의 크리프 특성은 복수의 요인에 지배되며 매우 복잡한 거동을 나타낸다는 사실은 잘 알려져 있다. 크리프는 재하 재령, 재하 후의 기간, 재하되는 응력 수준에 의해서도 다르며, 인장, 압축 크리프의 차이, 다축응력하의 크리프 성상, 재하 후의 크리프 회복에 대해서도 연구가 수행되었다.

크리프는 하중이 가해지는 시점의 탄성계수 및 콘크리트 재령, 하중의 지속 기간 등 여러 가지 인자들에 영향을 받는다. 매스 콘크리트의 경우 크리프는 온도 변형에 의해 유발된 응력을 이완시키는 중요한 역할을 하지만, 온도 변화가 매우 빠른 시간 안에 발생하는 얇은 구조물의 경우 크리프에 의한 응력 이완은 상대적으로 매우 작다. 크기가 작은 부재의 경우, 크리프의 주된 효과는 건조 수축에 의한 인장응력을 완화시키는 것이다. 일반적으로 최대 온도 변화가 상대적으로 짧은 시간 안에 일어나는 경우, 크리프에 의한 온도응력의 이완 효과는 크지 않다.

표 3.11 매스 콘크리트의 탄성 특성

하중 재하 기간	즉시 및 지속 탄성계수* (MPa×10^4)														
	Grand Coulee			Shasta			Huntry Horse			Dworshak			Libby		
	E	E^1	E^2	E	E^1	E^2	E	E^1	E^2	E	E^1	E^2	E	E^1	E^2
2 일	1.2	0.57	0.52	0.97	0.37	0.34	1.9	1.0	0.97	0.97	0.52	0.48	1.1	0.69	0.62
7 일	1.6	0.76	0.69	1.4	0.69	0.66	2.9	1.3	1.2	1.4	0.69	0.62	2.2	1.1	0.9
20 일	2.4	1.2	1.1	2.4	1.2	1.1	3.1	1.8	1.7	1.9	0.97	0.90	2.8	1.5	1.4
90 일	2.0	1.7	1.6	3.0	1.9	1.7	3.6	2.2	2.1	2.6	1.5	1.4	3.6	2.0	1.9
1 년	3.4	1.7	1.6	3.0	1.9	1.7	3.6	2.2	2.1	2.6	1.5	1.4	3.6	2.0	1.9
5 년	3.7	2.5	2.3	–	–	–	4.1	2.8	2.6	3.4	2.1	2.0	4.4	3.0	2.8
7.25 년	–	–	–	3.9	3.0	2.8	–	–	–	–	–	–	–	–	–

* 모든 콘크리트 대량 배합으로 제조되었고, 습윤 체가름에 의해 37.5 mm 이상의 굵은 골재를 걸러냄.
E = 재하 시점의 순간 탄성계수, E^1=재하 후 365일 경과 시점의 지속 탄성계수, E^2 = 재하 후 1,000일 경과 시점의 지속 탄성계수. 순간 탄성계수는 정적 재하 속도(1 ~ 5분)에 의한 탄성계수로서 동적 재하 조건에 의한 탄성계수는 아님.

크리프의 응력 이완 효과를 온도 해석에 반영하는 데에는 여러 가지 방법이 있다. 크리프에 의해 이완되는 응력의 크기 및 크리프에 대한 여러 가지 영향인자들을 고려하여 탄성계수를 감소시키는 방법이 있을 수 있고, 다른 방법으로는 탄성의 인장변형률에 크리프에 의해 추가되는 인장변형률을 더하는 것이다. 이 두 가지 방법에 대해서는 추후 논의가 이루어질 것이다.

기존의 연구에 의하면, 재령 28일에 하중이 작용하는 경우에 비하여 재령 2일에서 하중이 작용하는 경우, 크리프 계수가 1.5~2.0배 정도 커진다는 사실이 보고되고 있다. 또 콘크리트의 온도가 높아지는 경우에도 크리프 계수는 증가한다. 이러한 현상을 고려하여 유효 탄성계수를 설정하는 방법으로서는 적산 온도에 바탕을 두어 정한 압축강도로부터 탄성계수를 추정하고, 대응하는 재령에 있어서의 크리프 혹은 응력 이완을 고려하여 탄성계수를 정하는 간이법이 일반적으로 사용되고 있다. 이 경우의 크리프 특성은 압축, 인장 모두 동일한 특성을 갖는다.

콘크리트 표준시방서에서는 수화의 진행에 수반되는 강성의 변화와 크리프에 수반되는 응력 이완의 양자를 평균적으로 다루는 방법으로서 피구속체 콘크리트의 단면 내에 있어서의 평균 탄성계수에 크리프, 응력 이완 등에 의한 강성 저하를 고려한 유효 탄성계수를 사용하여 온도응력 해석을 실시하는 방법을 제시하고 있다. 콘크리트 표준시방서에서 제안하는 유효 탄성계수 식 (3.9)과 같다. 다만 설계기준강도가 50 MPa을 초과하는 콘크리트의 크리프 특성은 현재로서는 불확실한 점이 많기 때문에 별도의 크리프 시험 등을 실시하여 정하는 것이 바람직하다.

$$E_e(t) = \psi(t) \times 4.7 \times 10^3 \times \sqrt{f_{cu}(t)} \tag{3.9}$$

여기서, $E_e(t)$: 재령 t 일에서 유효 탄성계수 (MPa)

$\psi(t)$: 온도가 상승할 때 크리프 영향이 커짐에 따른 탄성계수의 보정계수

㉠ 재령 3일 까지 : $\psi(t)$=0.73

㉡ 재령 5일 이후 : $\psi(t)$=1.0

㉢ 재령 3일에서 5일까지는 직선보간법으로 구한다.

$f_{cu}(t)$: 다음 절 식 (3.10)로 구한 재령 t 일의 압축강도 추정 값(MPa)

3.7 인장강도 및 변형률 능력

3.7.1 인장강도

온도 균열의 발생을 추정하기 위해서 새로 타설한 콘크리트의 인장강도를 적절히 정해야 하며, 콘크리트의 인장강도는 사용하는 시멘트의 종류, 물-결합재비, 골재의 종류, 온도 이력, 재령 등의 영향을 고려한 시험에 의해 정할 수 있다.

근사적으로 인장강도를 구하고자 할 때에는 식 (3.10)에 의하여 압축강도를 구해, 이것으로부터 식 (3.11)을 사용하여 인장강도의 근사 값을 구할 수 있다.

$$f_{cu}(t) = \frac{t}{a+bt} d_i f_{ck} \tag{3.10}$$

$$f_{sp}(t) = c\sqrt{f_{cu}(t)} \tag{3.11}$$

여기서, d_i : 재령 28일과 91일일 때의 콘크리트 강도 보정계수

$d_i f_{ck}$: 재령 91일일 때의 설계기준압축강도

$f_{cu}(t)$: 재령 t 일의 콘크리트의 압축강도(MPa)

$f_{sp}(t)$: 재령 t 일의 콘크리트의 쪼갬인장강도(MPa)

f_{ck} : 재령 28일일 때의 설계기준압축강도(MPa)

t : 재령(일)

a, b : 시멘트의 종류에 따라 다르며, 표 3.12의 값을 표준으로 한다. 한편, 고로 슬래그 시멘트 및 플라이 애쉬 시멘트는 계수 a, b를 정할 수 있을 정도의 자료가 축적되어 있지 않으므로 과거의 실적을 참고로 하여 정하도록 한다.

c : 콘크리트의 건조의 정도에 따라 다르지만 0.44를 표준으로 한다.

표 3.12 계수 a, b의 값

시멘트의 종류	a	b	d_i
보통 포틀랜드 시멘트	4.5	0.95	1.11
중용열 포틀랜드 시멘트	6.2	0.93	1.15
조강 포틀랜드 시멘트	2.9	0.97	1.07
저열 포틀랜드 시멘트	16.2	0.82	1.40

콘크리트의 인장강도는 여러 가지 변수에 의해 영향을 받으므로 미리 시험에 의하여 정하는 것을 권장하고 있다. 또한 콘크리트 인장강도는 건조 상태, 재하 속도 및 치수의 차이 등에 의해 시험에서 얻은 값보다 낮아지는 경향이 있으므로, 측정값을 20 퍼센트 정도 감소시켜 사용하는 것이 좋다.

일반적인 철근 콘크리트 설계에서 콘크리트는 인장강도가 없는 것으로 가정한다. 그러나 온도 변형에 기인한 인장응력을 고려할 때, 실제 인장강도는 가장 중요한 요소 가운데 하나이며, 부피 변화가 균열을 일으키게 되는 재령에서의 값으로 균열 여부를 판단해야 한다. 일반적으로 압축강도에 대한 식은 제안되어 있기 때문에 압축강도를 기준으로 인장강도를 파악하는 방법이 많이 사용된다.

콘크리트의 인장강도는 사용된 굵은 골재의 종류 및 특성에 따라 달라진다. 쇄석으로 만들어진 콘크리트는 강자갈과 같은 둥근 골재가 사용된 콘크리트에 비해 온도 변화에 대한 균열 저항성이 더 크다. 그러나 콘크리트 강도가 같은 경우라면 굵은 골재의 종류는 인장강도에 큰 영향을 미치지는 않는다. 압축강도가 충분히 발현된 시점에서, 즉 수화가 충분히 진행되어 시간에 따른 압축강도의 발현이 미미한 상태에서도 재령이 증가함에 따라 인장강도는 증가한다.

콘크리트의 인장강도를 결정하는 실험 방법으로는 쪼갬인장실험이 가장 널리 사용되고 있다. 이 실험의 경우, 실험체 내의 가장 약한 단면에서 파괴가 발생하는 것이 아니라 하중이 가해지는 두 점을 연결하는 실험체 중앙의 얇은 폭에 파괴면이 형성하게 된다. 실험체의 중앙 단면에서 파괴면이 멀리 떨어져 있으면 실험 결과로부터 계산되는 인장강도는 실제보다 크게 나타나게 된다. 일반 콘크리트의 압축강도로부터 인장강도를 구하는 식은 $\sqrt{f_c'}/1.8\,\mathrm{MPa}$을 사용할 수 있다. 이 식을 사용할 경우 일반적으로 인장강도를 보수적으로 평가하게 된다. 건조 조건은 압축강도와 인장강도의 관계식에 큰 영향을 주지는 않는다.

직접 인장 실험의 경우 에폭시를 사용하여 강판을 콘크리트에 붙이고 실험하게 되는데, 25 퍼센트 정도 작은 인장강도를 나타내게 된다. 직접 인장 실험의 경우는 건조 조건에 따른 영향을 크게 받는다(Raphael, 1984).

콘크리트 표면이 건조한 대기에 노출되는 경우 표면에서의 초기 균열 발생을 예측하기 위해선 $\sqrt{f_c'}/1.8\,\mathrm{MPa}$식으로 계산된 값보다 작은 인장강도를 사용해야 한다. 건조 수축이 단면의 균열 발생에 큰 영향을 주지 않는 경우는 $0.5\sqrt{f_c'}\,\mathrm{MPa}$로 인장강도를 계산하는 것이 바람직하다.

앞의 인장강도 제안식에 사용되는 압축강도의 경우 설계기준 압축강도보다는 균열이 발생할 것으로 예상되는 시점에서의 압축강도를 사용하는 것이 타당하다. 매스 콘크리트가 아닌 일반 구조용 콘크리트의 경우, 건조 수축을 감안하여 배합설계할 경우 목표하는 압축강도를 설계기준강도보다 다소 증가시킬 것을 제안하고 있기도 하다(콘크리트 표준시방서 2.4, 콘크리트 구조설계기준 2.3.2). 매스 콘크리트에 균열이 발생하는 시점은, 즉 온도에 의한 변형의 크기가 균열을 발생시킬 만큼 커지는 시기는 타설 후 일주일이 경과된 시점 또는 타설 후 3개월에서 6개월이 지난 시점 중 하나일 수 있다. 초기 냉각에 따른 균열 발생 가능성이 계절에 따른 온도 감소에 의한 균열 발생 가능성보다 큰 경우, 균열은 타설 후 첫 주 이내에 발생하게 된다.

계절 변화에 따른 온도 하강이 초기 냉각에 의한 것보다 체적의 변화를 크게 일으키는 경우, 균열 발생이 예상되는 시점의 강도를 사용해야 하고, 특히 플라이 애쉬가 사용된 콘크리트에 대해서 28일 이후의 강도 발현을 고려할 수 있도록 허용해야 한다. 28일 강도를 기준으로 28일에서 90일 또는 180일까지의 강도 증가 비율은 28일 강도에 따라 달라지고, 시멘트양 및 플라이 애쉬와 같은 혼화 재료의 시멘트 치환율에 따라 영향을 받는다. 그림 3.7은 2종 시멘트와 함께 플라이 애쉬가 사용된 경우와 플라이 애쉬가 첨가되지 않은 경우에 대해 28일 강도와 90 그리고 180일 강도를 비교한 결과이다.

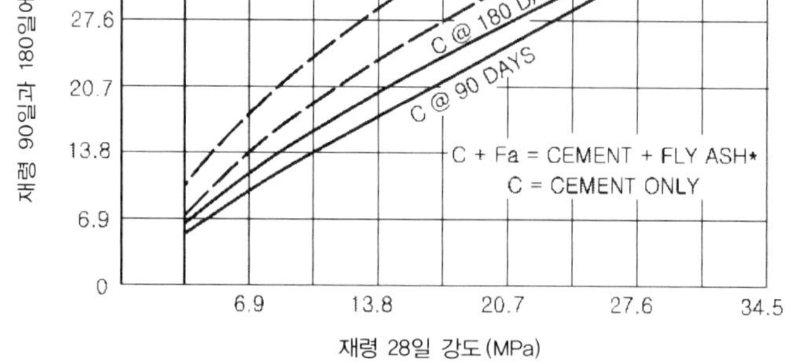

그림 3.7 **재령 28, 90, 180일에서 압축강도 비교**

콘크리트의 7일 강도는 1종 시멘트와 2종 시멘트가 사용된 표준 양생 실험체의 28일 강도 대비 각각 70 퍼센트와 60 퍼센트 정도이다. 플라이 애쉬 또는 다른 종류의 포졸란 재료가 시멘트의 일부를 대체하는 경우는 약간의 강도 감소가 나타난다. 현장에서의 실제 압축강도는 매스 콘크리트 부재의 크기와 수화열에 따른 콘크리트 내부의 온도에 해당하는 양생 온도에 큰 영향을 받게 된다.

3.7.2 변형률 능력

설계기준이 길이 또는 부피 변형의 크기를 규정하고 있는 경우에는 인장강도보다 최대 인장변형률을 기준으로 설계를 하는 것이 보다 편리하고 간단할 수 있다. 온도와 건조 수축의 경우가 이에 해당될 수 있겠다. 이상적으로, 최대 인장변형률의 크기는 큰 보 또는 내부에 변형률 게이지가 매립된 사각기둥 형태의 실험체에 휨 또는 직접 인장을 가하여 얻을 수 있다. 큰 보에 매립된 게이지로부터 측정된 인장변형률은 직접 인장할 때의 최대 변형률과 근사적으로 같다. 하지만 휨을 받는 보의 인장측 표면부에서 측정되는 변형률은 최대 인장변형률을 과대 평가할 수 있으므로 사용해서는 안 된다. 편의상 간접적인 실험 방법인 쪼갬인장시험으로 콘크리트의 인장강도를 계산하고 탄성계수로 계산된 인장강도를 나누어 최대 인장변형률을 추정하는 방법이 많이 사용된다. 그러나 간접적인 방법으로 얻은 인장강도를 직접 인장강도로 먼저 변환시켜 사용해야 한다.

일반적인 인장변형률 측정을 위한 보 실험체는 300 mm×300 mm×1600 mm의 크기를 갖고 무근 콘크리트로 제작되며, 3점 휨 실험으로 파괴까지 실험하게 된다(U. S. Army Corps of Engineers, 1980). 인장 상태의 최대 변형률이 실험체로부터 직접 측정된다. 재령 7일에 하중을 가하여 몇 분 이내에 파괴시키는 실험을 먼저 수행하고, 동일한 실험체에 주당 0.17 MPa/week의 하중을 증가시키는 실험을 시작하여 재령 90일 정도에 파괴에 도달하도록 하는 실험을 동시에 수행한다. 두 번째 실험체가 파괴되는 시점에 세 번째 실험체를 파괴하는 실험을 추가로 수행하여 두 번째 실험이 진행되는 동안의 콘크리트의 탄성 특성의 변화를 파악하기도 한다.

실험으로부터 얻은 최대 인장변형률은 콘크리트 균열 제어의 절차를 수립하는 데 유용하게 사용된다. 예를 들어 콘크리트의 열팽창계수가 9.9×10^{-6} mm/mm/℃이고 재령 7일과 90일에서의 순간 하중에 대한 최대 인장변형률이 각각 64×10^{-6}, 88×10^{-6}이며, 재령 7일과 90일에서의 지속 하중에 대한 최대 인장변형률이 118×10^{-6}일 경우를 가정해 보자. 초기 재령에서는 64/9.9 = 6.4 ℃, 타설 후 3개월 또는 그 이상의 재령에서 88/9.9 = 8.9 ℃보다 큰 급

작스런 표면 온도의 감소를 방지하기 위해서 충분한 단열이 이루어져야 한다. 콘크리트에 매립하는 형태의 파이프 쿨링을 적용하여 초기 3개월간 온도 감소의 최대 크기가 118/9.9 = 12 ℃를 넘지 않도록 온도를 제어할 수도 있다.

04 장

열전달 및 부피 변화

4.1 개요

이 장의 목적은 콘크리트 구조물 또는 부재에 일어나는 부피 변화의 크기를 예측할 수 있는 방법을 소개하는 것이다. 이 장에서 소개하는 방법들은 매스 콘크리트뿐만 아니라 일반 콘크리트 구조물에도 적용이 가능하다. 일반 콘크리트 구조물의 경우 매스 콘크리트에 비해 수화열이 높은 시멘트, 작은 크기의 굵은 골재, 높은 단위 수량이 사용되며, 온도 제어에 대한 필요성은 상대적으로 적다. 콘크리트 부재에서 온도와 내부 수분의 변화에 따른 부피 변화가 이 장에서 주로 다루어진다. 알칼리-골재 반응, 자기 수축, 팽창시멘트에 의한 부피 변화 등은 다루지 않는다. 자기 수축이란 수화 과정에서 일어나는 화학 작용에 기인하는 변형이다.

초기 수화 반응 동안 도달하는 최대 온도와 구조물의 사용 중 도달하게 되는 최저 온도의 차이에 의해 부피의 변화가 일어나게 되고 균열이 발생하게 된다. 초기 수화과정의 온도 상승은 작은 응력을 유발한다. 초기 재령에서 콘크리트의 탄성계수가 작아 온도 상승에 의한 압축응력은 완전 구속된 영역에서조차 그다지 크지 않다. 또한 초기의 크리프로 인해 응력의 이완도 발생하게 된다. 따라서 다소 보수적이지만 초기의 응력을 무시하는 것은 실제의 응력 상태와 크게 다르지 않다.

이어지는 절에서는 부피 변화와 관련하여 콘크리트 수화열의 여러 영향인자들을 다루고자 한다. 콘크리트의 초기 타설 온도, 발열 과정, 냉각 또는 열소산 과정을 설명할 것이다. 냉각재와 초기 콘크리트의 온도를 계산하는 방법은 이 지침의 8장에서 다루어진다. 발열 과정과 열소산 과정에 대한 계산과 평가 방법 또한 소개될 것이다. 이 장에서 소개되는 방법들을 조합하여 구조물에 대한 온도 해석이 가능할 것이다. 온도에 의한 부피 변화는 다음의 식으로 간단히 정리할 수 있다.

$$\Delta V = [T_f - (T_i + T_{ad}) + T_{env}] \times CTE \tag{4.1}$$

여기서, ΔV : 콘크리트의 부피 변화

T_f : 콘크리트의 최종 평형 온도

T_i : 콘크리트의 초기 타설 온도

T_{ad} : 콘크리트의 단열 온도 상승

T_{env} : 외부 환경에 따라 콘크리트에 가해지거나 콘크리트로부터 빠져나가는 열에 의한 온도 변화

CTE : 열팽창계수

4.2 열전달 이론

4.2.1 열전달

1) 열전도 지배 방정식의 유도

구조물의 정확한 온도응력의 해석을 위해서는 예상되는 구조물 내의 온도 분포를 정확히 예측해야 한다. 이러한 필요에 의해 열전달 해석이 필요하다.

내부 발열이 있는 고체 내에서의 온도 분포는 푸리에(Fourier) 법칙을 따르게 된다. 그림 4.1과 같은 미소 체적 요소를 생각해보자. 이 미소 체적 내의 각각의 표면을 따라 온도 경사에 의한 열전달 현상이 발생한다. 각 축방향으로의 열플럭스를 q_x, q_y, q_z,라 하면 다른 한쪽 표면에서의 열전달률은 다음과 같이 나타낼 수 있다.

$$q_{x+dx} = q_x + \frac{\partial q_x}{\partial x} dx \tag{4.2}$$

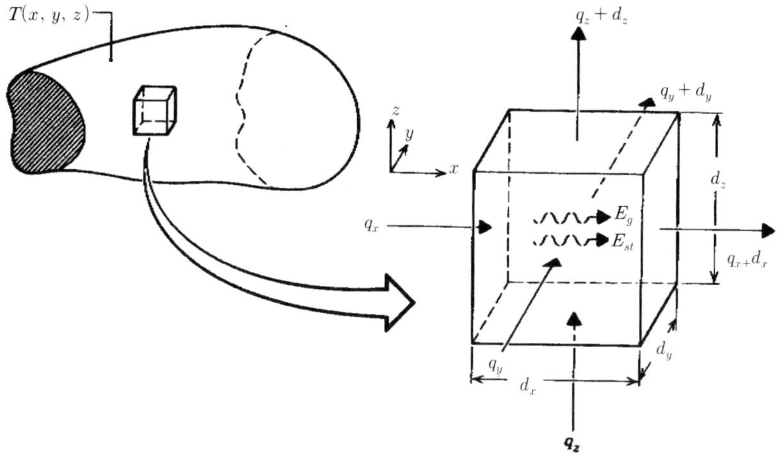

그림 4.1 **전도 해석을 위한 미소 체적 요소**

$$q_{y+dy} = q_y + \frac{\partial q_y}{\partial y} dy$$

$$q_{z+dz} = q_z + \frac{\partial q_z}{\partial z} dz$$

또한 매질 내에는 열에너지 발생률과 관련된 에너지 생성이 존재할 수 있다. 단위 체적당 발생된 에너지의 비율을 q 라 하면, 미소 체적에서의 에너지 발생률은 다음과 같이 구해진다.

$$E_g = q\, dx\, dy\, dz$$

그리고 미소 체적 내의 물질에 의하여 저장된 내부 에너지양의 변화가 발생할 수 있다. 이 에너지 저장률은 다음과 같이 나타낼 수 있다.

$$E_{st} = \rho\, c_p \frac{\partial T}{\partial t} dx\, dy\, dz \tag{4.3}$$

여기서, ρ 는 밀도, c_p 는 비열, T 는 온도이며, $\rho\, c_p \frac{\partial T}{\partial t}$ 는 시간에 따른 내부 에너지의 단위 체적당 변화율이다.

에너지 보존 법칙의 일반적인 형태는 다음과 같다.

$$E_{in} + E_g - E_{out} = E_{st} \tag{4.4}$$

여기서 E_{in} 는 유입되는 에너지, E_{out} 은 유출되는 에너지를 의미한다.

따라서 위의 식들을 에너지 보존 법칙에 대입하면 다음과 같은 식을 얻을 수 있다.

$$q_x + q_y + q_z + q\,dx\,dy\,dz - q_{x+dx} - q_{y+dy} - q_{z+dz} = \rho c_p \frac{\partial T}{\partial t} dx\,dy\,dz \tag{4.5}$$

식을 다시 대입하면 다음 식을 얻는다.

$$-\frac{\partial q_x}{\partial x} dx - \frac{\partial q_y}{\partial y} dy - \frac{\partial q_z}{\partial x} dz + q\,dx\,dy\,dz = \rho\, c_p \frac{\partial T}{\partial t}\, dx\,dy\,dz \tag{4.6}$$

푸리에 법칙으로부터 열플럭스는 다음과 같이 계산될 수 있다.

$$q_x = -k_x\,dy\,dz\,\frac{\partial T}{\partial x} \tag{4.7}$$

$$q_y = -k_y\,dx\,dz\,\frac{\partial T}{\partial y}$$

$$q_z = -k_z\,dx\,dy\,\frac{\partial T}{\partial z}$$

그러므로 푸리에 법칙을 열전달 평형식에 대입하여 정리하면

$$\frac{\partial}{\partial x}\left(k_x \frac{\partial T}{\partial x}\right) + \frac{\partial}{\partial y}\left(k_y \frac{\partial T}{\partial y}\right) + \frac{\partial}{\partial z}\left(k_z \frac{\partial T}{\partial z}\right) + q = \rho c_p \frac{\partial T}{\partial t} \tag{4.8}$$

위와 같은 열전도 편미분 방정식을 얻는다.

재료가 등방성 균질하다고 가정하면 다음의 열전달 편미분 방정식을 유도할 수 있다.

$$\frac{\partial^2 T}{\partial x^2} + \frac{\partial^2 T}{\partial y^2} + \frac{\partial^2 T}{\partial z^2} + \frac{q}{k} = \frac{1}{\alpha}\frac{\partial T}{\partial t} \tag{4.9}$$

여기서, $\alpha = \dfrac{k}{\rho c}$ 이며, 상수 α 는 재료의 열확산율을 의미한다.

2) 초기 조건과 경계 조건

편미분 방정식의 형태로 주어진 3차원 열류 평형 방정식을 풀기 위해서는 열현상에 대한 물리적 상황에 적합한 초기 조건과 경계 조건이 주어져야 한다. 경계 조건으로는 물체의 표면에서 온도를 아는 경우와 물체의 표면에서 열흐름을 아는 두 가지 경우가 있다.

표면에서 온도를 아는 경우

$$T(x, y, z, t) = f(x, y, z, t) \quad x, y, z \text{ on } S_t \tag{4.10}$$

표면에서 열류 출입량을 아는 경우

$$k\frac{\partial T}{\partial n}(x, y, z, t) = q_n(x, y, z, t) \; x, y, z \text{ on } S_q \tag{4.11}$$

q_n 은 (x, y, z)에서의 열류의 출입량을 나타낸다. 열출입은 대류에 의해 생기는 경우가 있으며, 그 값은 외부의 온도와 표면 온도의 차이에 대류 계수를 곱한 다음과 같은 식을 쓴다.

$$q_n(x, y, z, t) = h(T_\infty - T_s) \tag{4.12}$$

또한 표면에서 열류 출입이 없는 단열 조건의 경우의 식은 다음과 같다.

$$q_n(x, y, z, t) = 0 \tag{4.13}$$

4.2.2 공간 영역에서 유한요소 정식화

열전달 문제를 유한요소 해석을 이용하여 수행하기 위해서 변분해석을 적용한 후 전체 좌표계의 절점 온도에 대하여 각각의 요소를 결합하면 다음과 같은 행렬식을 유도할 수 있다.

$$[C]\{\dot{T}\} + [K]\{T\} = \{R\} \tag{4.14}$$

열용량 행렬은 콘크리트에 의한 것과 파이프에 의한 것으로 나눌 수 있다.

$$\text{열용량 행렬}: [C] = \int_{con} [N]^T \rho c_c [N]\, dV + \int_{pip} [N]^T \rho c_p [N]\, dV \tag{4.15}$$

열전달 행렬은 전도에 의한 것과 대류에 의한 것 두 가지가 있다.

$$[K] = [K^{cond}] + [K^{conv}]$$

$$\text{전도 행렬: } [K^{cond}] = \int_{conc} [B]^T[k_c][B]dV + \int_{pip} [B]^T[k_p][B]dV \qquad (4.16)$$

$$\text{대류 행렬: } [K^{conv}] = \int_{conc} [N]^T h_c [N] dS + \int_{pip} [N]^T h_p [N] dS$$

그런데 콘크리트의 부피에 비하여 파이프의 부피는 매우 작고, 또한 파이프 요소의 모델링을 1차원 요소를 사용하므로 파이프에 의한 열용량 행렬과 전도 행렬은 무시하였다.

하중 벡터는 내부 발열에 의한 것과 대류에 의한 것이 있으며 대류는 콘크리트의 표면과 파이프의 표면에서 발생한다.

$$\{R\} = \{R^{heat}\} + \{R^{conv}\} \qquad (4.17)$$

$$\text{발열 하중 벡터: } \{R^{heat}\} = \int_{conc} [N]^T q \, dV$$

$$\text{대류 하중 벡터: } \{R^{conv}\} = \{R_{conc}\} + \{R_{pip}\}$$

$$= \int_{conc} [N]^T h_c T_c dS + \int_{pip} [N]^T h_p T_w dS$$

콘크리트의 온도 T와 파이프 내의 유체의 온도 T_w를 분리하여 행렬의 형태로 정리하면 다음과 같다.

$$[C]\{\dot{T}\} + [K]\{T\} = \{R\} + \int_{pip} [N]^T h_p T_w dS \qquad (4.18)$$

$$[C]\{\dot{T}\} + [K]\{T\} = \{R\} + [H_p]\{T_w\} \qquad (4.19)$$

4.2.3 시간 영역에서 유한요소 정식화

시간에 대한 일계 도함수의 근사 값을 얻기 위한 방법으로는 두 개의 연속적인 시간 단계에서 각 단계에서의 변수를 선형보간에 의해 가중 평균해서 근사시키는 방법을 보편적으로 사용한다.

$$\alpha\{\dot{T}\}_{n+1} + (1-\alpha)\{\dot{T}\}_n = \frac{\{T\}_{n+1} + \{T\}_n}{\Delta t_{n+1}} \tag{4.20}$$

α 값이 0이면 오일러(Euler)의 전방차분법이 되고 1/2이면 중앙차분법 또는 Crank-Nicolson방법, 2/3이면 Galerkin방법, 1이면 후방차분법이 된다.

α 값이 1/2보다 작은 경우, 시간 간격 Δt_n의 크기에 따라 해의 안정성이 결정되고 $1/2 \leqq \alpha \leqq 1$인 경우에는 해가 Δt_n의 크기에 관계없이 안정하게 된다.

시간 단계 (n+1)에서 방정식은

$$[C]\{\dot{T}\}_{n+1} + [K]\{T\}_{n+1} = \{R\}_{n+1} \tag{4.21}$$

으로 쓸 수 있고 시간(n)에서의 방정식은 다음과 같이 쓸 수 있다.

$$[C]\{\dot{T}\}_n + [K]\{T\}_n = \{R\}_n \tag{4.22}$$

위의 두식을 가중평균하면

$$[C](\alpha\{\dot{T}\}_{n+1} + (1-\alpha)\{\dot{T}\}_{n+1}) + [K](\alpha\{T\}_{n+1}) + (1-\alpha)\{T\}_n) \tag{4.23}$$

$$= \alpha\{R\}_{n+1} + (1-\alpha)\{R\}_n$$

$$[C](\frac{\{T\}_{n+1} - \{T\}_n}{\Delta t_{n+1}}) + [K](\alpha\{T\}_{n+1}) + (1-\alpha)\{T\}_n) \tag{4.24}$$

$$= \alpha\{R\}_{n+1} + (1-\alpha)\{R\}_n$$

으로 쓸 수 있고 이것을 다시 정리하면 다음의 관계식을 얻는다.

$$[\hat{K}]\{T\}_{n+1} = \{\hat{R}\} \tag{4.25}$$

여기서, $[\hat{K}] = [C] + \alpha\Delta t_{n+1}[K]$

$$[\hat{R}] = ([C] - (1-\alpha)\Delta t_{n+1}[K])\{T\}_n + \Delta t_{n+1}(\alpha\{R\}_{n+1} + (1-\alpha)\{R\}_n)$$

4.3 부피 변화 및 온도응력 산정

4.3.1 부피 변화

콘크리트의 체적 변화는 콘크리트의 수분 함량의 변화, 온도의 변화, 화학 반응, 그리고 작용 하중에 의해 발생되는 응력으로부터 발생된다. 과도한 체적 변화는 콘크리트에 부정적인 영향을 미친다. 균열은 구속된 콘크리트에서 수축 변형과 인장강도와 연성이 충분하지 못하기 때문에 결과로 발생하게 된다. 균열은 설계하중을 견디는 콘크리트의 저항력을 감소시키거나 구조물의 외관과 내구성을 저해시키는 요인이 될 수 있다. 표 4.1은 미국에서 건설한 댐에 사용된 매스 콘크리트의 체적 변화량을 정리한 것이다. 매스 콘크리트에서 균열에 영향을 끼치는 다양한 요인들에 대해서는 ACI 207.2R과 USACE(1997)에 서술되어 있다.

건조 수축은 양호한 품질의 골재가 사용된 저 슬럼프의 빈배합 콘크리트에서는 0.02 퍼센트보다 적게 발생되고, 양호하지 못한 품질의 골재와 배합 수량이 과도한 부배합의 콘크리트에서는 0.1 퍼센트보다 크게 발생된다(Neville, 1996). 건조 수축은 시멘트 페이스트로부터 수분의 손실에 의해 유발되며, 최대 1 퍼센트 정도까지 수축될 수 있다. 다행히 골재는 이러한 체적 변화를 약 0.06 퍼센트 정도로 감소시키는 내적 구속 역할을 한다(ACI 224.1R). 건조 수축의 크기는 주로 골재의 종류와 체적 및 배합 수량에 영향을 받는다. 건조 수축에 영향을 미치는 다른 요인들은 주로 배합의 총 배합 수량에 영향을 미치는 것이다. 포졸란의 첨가는 플라이 애쉬와 같이 배합 수량을 상당히 줄여주는 경우를 제외하고는 일반적으로 건조 수축을 증가시킨다. 특히 골재 중에서도 경사암과 사암은 건조 수축을 매우 크게 발생하는 데 원인이 되는 것으로 알려졌다. ACI 224R과 Houghton(1972)은 콘크리트의 건조 특성과 관련된 영향인자들을 서술하였다.

자기 체적 변화는 지속적인 시멘트의 수화 작용, 작용 하중에 의한 영향, 그리고 온도 또는 습윤 조건의 변화 등에 의해 발생된 체적 변화이다. 건조 수축과는 달리 자기 체적 변화는 배합 수량과 관련이 없다. 대부분 콘크리트의 순 자기 체적 변화는 $0 \sim 150 \times 10^{-6}$ m/m 정도의 수축이다. 자기 체적 변화는 일반적으로 타설 후 최초 30일 이내에 발생된다. 포졸란을 함유하는 콘크리트는 때때로 일반 포틀랜드 시멘트로만 구성된 콘크리트보다 더 큰 자기 체적 변화가 발생된다(Houk et al. 1969).

콘크리트의 열팽창계수는 주로 굵은 골재의 종류 및 사용량에 의해 좌우된다. 골재의 열팽창계수는 광물에 따라 $3 \sim 14 \times 10^{-6}$/℃ 정도이다. 순 시멘트 페이스트의 열팽창계수가 약

$10 \sim 21 \times 10^{-6}/℃$ 정도이며, 화학적 조성과 수화도에 의해 좌우된다. 일반적으로 콘크리트의 열팽창계수는 다양한 구성 요소들의 가중평균을 반영한다. 때때로 열팽창계수 시험은 최대 크기 37.5 mm의 골재를 습윤 체가름에 의해 제거한 소형 크기의 공시체로 시험한다. 다만 높은 열팽창계수를 가진 시멘트 페이스트의 양이 지나치게 많아질 경우, 실제 매스 콘크리트보다 열팽창계수가 높게 나타난다. 따라서 열팽창계수는 실제 배합 전부를 포함한 시편을 사용하여 시험해야 한다. 콘크리트의 열에 관한 특성은 3.2절에 서술되어 있다. 콘크리트 내에서 포틀랜드 시멘트는 수화열을 발산하고, 이 기간 동안 콘크리트의 내부 온도를 증가시킨다(Dusinberre, 1945; Wilson, 1968). 콘크리트는 양생 초기 단계에서 비교적 탄성이고 최고 온도에 도달했을 때에 응력이 거의 '0'이라고 가정할 수 있다. 양생 단계에서 열이 식기 시작하면 콘크리트는 급속도로 강도와 강성을 가지게 된다. 이 냉각 과정에서 콘크리트의 자유 수축이 구속될 경우, 인장변형 및 인장 응력이 발생된다. 양생 기간 동안 발생된 인장응력은 다음 5가지 요인에 의해 결정된다.

1. 콘크리트 내·외부 온도차 및 온도 변화율
2. 열팽창계수
3. 탄성계수
4. 크리프 또는 응력 이완
5. 구속도

콘크리트에 인장강도를 초과하는 인장응력이 발생하거나 인장변형 한계를 초과하는 인장변형이 발생할 경우 균열이 발생될 것이다(Houghton, 1972; Houghton, 1976; Dusinberre, 1945). 콘크리트의 온도 균열 발생 가능성을 줄이는 주요 방법에 대해서 ACI 224R과 Calson et al.(1979) 연구에 정리되어 있다. 여기에는 콘크리트 내부 온도를 감소시키는 방법, 콘크리트에 발생된 열이 식는 속도를 지연시키는 방법, 그리고 콘크리트의 인장강도를 증가시키는 방법들이 정리되어 있다. 콘크리트의 균열 저항성은 콘크리트의 강도보다는 인장변형률 능력과 직접적으로 연관된다. 균열 저항성을 인장변형률 능력으로 평가하는 경우 평균 탄성계수(지속 탄성계수 E)는 시험과 계산 과정에서 생략할 수 있다(ACI 207.2R; Houghton, 1976). 콘크리트의 인장변형률 능력은 탄성계수와 압축강도로부터 예측할 수 있다(Liu and McDonald, 1978). 콘크리트의 열에 대한 인장변형률 능력은 각 프로젝트의 설계 단계에서 콘크리트 시편을 제작하여 직접 시험으로부터 측정된다. 매스 콘크리트에서 발생된 열 인장변형률은 열팽창계수, 온도차, 온도 변화율, 그리고 구속도에 의해 증가된다(ACI 207.2R).

표 4.1 매스 콘크리트의 부피 변화와 투과성

구조물	자기 체적 변화		건조 수축	투과성 K ft/s/ft* Hydraulic head	m/s/m*
	90일	1년	1년		
Hoover	–	–	−270	1.97×10^{-12}	1.83×10^{-13}
Grand Coulee	–	–	−420	–	–
Hungry Horse	−44	−52	−520	5.87×10^{-12}	5.45×10^{-13}
Canyon Ferry	+6	−37	−397	6.12×10^{-12}	5.69×10^{-13}
Monticello	−15	−38	−998	2.60×10^{-11}	2.42×10^{-12}
Glen Canyon	−32	−61	−459	5.74×10^{-12}	5.33×10^{-13}
Flaming Gorge	–	–	−496	3.52×10^{-11}	3.27×10^{-12}
Yellowtail	−12	−38	−345	6.25×10^{-12}	5.81×10^{-13}
Dworshak	+10	−8	−510	6.02×10^{-12}	5.59×10^{-13}
Libby	+3	+12	−480	1.49×10^{-11}	1.38×10^{-12}
Lower Granite	+4	+4	–	–	–

* 수두 ft/s/ft = $ft^3/ft^2 - s/ft$; 수두 m/s/m = $m^3/m^2 - s/m$; millionths =in$\times 10^{-6}$/in (mm$\times 10^{-6}$/mm), 선형 길이 변화를 측정

주의 : Hoover와 Grand Coulee Dam의 삼각기둥 공시체 4×4×40in.(100×100×1000 mm)의 체적 변화
Dworshak, Libby와 Lower Granite Dam은 원기둥 공시체 9×18in.(230×460 mm)의 체적 변화
다른 댐들의 공시체는 4×4×30in.(100×100×760 mm)의 삼각기둥 공시체를 사용하여 체적 변화 측정 ; 투과성 시험체는 Dworshak, Libby와 Lower Granite Dam은 6×6in.(150×150 mm) 원기둥 공시체 사용
다른 댐들의 통계자료는 18×18 in.(460×460 mm)의 원기둥 공시체를 사용

체적 변화는 화학 반응에 의해서도 발생될 수 있고, 이 경우 파괴의 가능성이 온도에 의한 것보다 높다.

경화 콘크리트에서의 수분 손실은 열 손실에 비하여 매우 느리게 발생하지만, 이로 인한 건조 수축과 온도에 의한 부피 변화는 비슷한 정도가 발생한다. 그러므로 건조 수축은 수분 이동 경로의 길이와 연관되어 있으므로 주로 콘크리트 표면 근처에서 발생하게 된다. V/S(수분 이동 경로의 길이)가 작을 때 건조 수축은 외부 구속에 의해 온도응력에 추가하여 응력을 발생시키기 때문에 온도 및 수축 철근의 설계에 반영해야 한다. V/S가 큰 경우에는 건조 수축에 의한 구속은 전적으로 내부 구속에 해당하므로 결과적으로 표면의 인장 응력으로 인하여 균열 깊이가 얕은 다수의 균열이 콘크리트 표면에 발생한다. 이러한 특성을 가진 표면 균열은 그 크기가 작기 때문에 균열의 크기와 간격을 줄이는 데 배력 철근의 역할이 효과적이지 않다. 배력 철근은 소성수축 균열과 같은 굳지않은 콘크리트의 표면

균열을 제어하는 방법으로 유효하지 않다(ACI 116R).

Calson은 50 퍼센트 상대 습도에서 양면이 노출된 610 mm 두께의 슬래브는 24 개월 내에 증발 가능한 수분의 약 30 퍼센트가 건조로 인하여 손실된다고 보고하였다. 표면에서 건조 수축 변형률이 150×10^{-6} m/m이 발생할 수 있다고 한다면 24 개월 동안 표면이 대기에 노출된 610 mm 두께의 슬래브에서 단면의 평균 건조 수축은 90×10^{-6} m/m이다. 대기 조건이 열대의 건조한 기후 조건이 아니라면 앞서 서술한 건조 수축보다 더 큰 변형률이 발생하는 노출 조건에 해당하지는 않는다.

건조 수축은 사용된 골재의 종류와 크기에 영향을 받는다. 일반적으로 건조 수축이 작게 발생되는 콘크리트에는 석영, 석회석, 백운석, 화강암 또는 장석이 포함되어 있는 경우가 많고 건조 수축이 크게 발생되는 콘크리트에는 사암, 점판암, 현무암, 휘록암이 포함되어 있거나 자체적으로 건조 수축이 발생하는 골재 또는 페이스트의 수축에 의해 발생되는 압축응력에 대해 낮은 강성을 가지는 골재가 포함된 경우가 많다. 건조 수축은 이미 언급된 여러 가지 요인에 의해 아주 다양한데, ACI 224R에 더 자세히 설명되어 있다.

부피 변화를 결정할 때 콘크리트의 등가 온도 T_{DS}로 건조 수축을 표현하는 것이 편리하다. 건조 수축은 수십 년에 걸쳐 발생하기 때문에 크리프에 의하여 건조 수축응력은 매우 큰 폭으로 줄어들게 된다. 건조 수축에 의한 등가 온도 하강량은 대략적으로 식 (4.26)을 통해 얻을 수 있다. 등가 온도 하강량은 건조 수축 변형률 150×10^{-6} m/m과 열팽창계수 9×10^{-6}/℃를 가정하고 결정된 것이다. 건조와 열분산의 비는 다르지만 평균 경로 길이 V/S는 같다고 볼 수 있다. 그러나 외부 구속과 전체 부피 변화에 영향을 미치는 수분이동경로는 한계가 있고, 등가 온도 하강량 산정할 때 V/S는 최대 380 mm로 가정할 수 있다.

$$T_{DS} = -\frac{1}{1.8}\left(2+\frac{12}{25.4}\frac{V}{S}\right)\left(\frac{W_u-74.2}{59.3}\right) \tag{4.26}$$

여기서, T_{DS} : 건조 수축으로 발생하는 변형량의 등가 온도(℃)

W_u : 굳지 않은 콘크리트의 수량(kg/m^3), 단 133.5kg/m^3 이상

V : 총 체적(mm^3)

S : 노출 표면의 면적(mm^2)

4.3.2 온도응력

1) 지배 방정식의 유도

응력 해석 문제에 대한 유한요소 정식화에서 변형률-변위 관계는 중요한 위치를 차지하고 있다. 이 해석에서 변형률-변위 관계는 다음과 같이 직교 좌표계에서 3차원 변형률-변위 관계를 가진다.

$$\begin{aligned} \varepsilon_x &= \partial u/\partial x = u,_x \\ \varepsilon_y &= \partial v/\partial y = v,_y \\ \varepsilon_z &= \partial w/\partial z = w,_z \\ \gamma_{xy} &= u,_y + v,_x \\ \gamma_{yz} &= v,_z + w,_y \\ \gamma_{zx} &= u,_z + w,_x \end{aligned} \tag{4.27}$$

여기서, 변위 u, v, w 는 x, y, z의 함수이다. 식을 행렬 연산자를 사용하여 표현하면 다음과 같다.

$$\begin{bmatrix} \varepsilon_x \\ \varepsilon_y \\ \varepsilon_z \\ \gamma_{xy} \\ \gamma_{yz} \\ \gamma_{zx} \end{bmatrix} = \begin{bmatrix} \frac{\partial}{\partial x} & 0 & 0 \\ 0 & \frac{\partial}{\partial y} & 0 \\ 0 & 0 & \frac{\partial}{\partial z} \\ \frac{\partial}{\partial y} & \frac{\partial}{\partial x} & 0 \\ 0 & \frac{\partial}{\partial z} & \frac{\partial}{\partial y} \\ \frac{\partial}{\partial z} & 0 & \frac{\partial}{\partial x} \end{bmatrix} \begin{bmatrix} u \\ v \\ w \end{bmatrix} \tag{4.28}$$

변형률-변위 관계를 변형률 행렬 $\{\varepsilon\}$와 변위 행렬 $\{u\}$로 나타내면

$$\{\varepsilon\} = [\partial]\{u\} \tag{4.29}$$

여기서,

$$[\partial] = \begin{bmatrix} \frac{\partial}{\partial x} & 0 & 0 \\ 0 & \frac{\partial}{\partial y} & 0 \\ 0 & 0 & \frac{\partial}{\partial z} \\ \frac{\partial}{\partial y} & \frac{\partial}{\partial x} & 0 \\ 0 & \frac{\partial}{\partial z} & \frac{\partial}{\partial y} \\ \frac{\partial}{\partial z} & 0 & \frac{\partial}{\partial x} \end{bmatrix}$$

3차원 공간에서 탄성체의 퍼텐셜 에너지는 다음 식으로 표현된다.

$$\Pi = \int \left(\frac{1}{2}\{\varepsilon\}^T[E]\{\varepsilon\} - \{\varepsilon\}^T[E]\{\varepsilon_0\} + \{\varepsilon\}^T\{\sigma_0\}\right)dV - \int \{u\}^T\{F\}dV - \{d\}^T\{P\} \tag{4.30}$$

여기서,

$\{u\} = [uvw]^T$, 변위장

$\{\varepsilon\} = [\varepsilon_x \varepsilon_y \varepsilon_z \gamma_{xy} \gamma_{yz} \gamma_{zx}]^T$, 변형률장

$[E]$ = 재료 물성 행렬

$\{\varepsilon_0\}, \{\sigma_0\}$ = 초기 변형률 및 응력

$\{F\} = [F_x F_y F_z]^T$, 물체력

$\{d\}$ = 요소 절점 자유도

$\{P\}$ = 외력

정류 조건 $\delta\Pi = 0$을 적용하여

$$\int \{\delta\varepsilon\}^T[E]\{\varepsilon\} = \int \{\delta\varepsilon\}^T[E]\{\varepsilon_0\} - \int \{\delta\varepsilon\}^T\{\sigma_0\}dV + \int \{\delta u\}^T\{F\}dV + \{\delta d\}^T\{P\} \tag{4.31}$$

2) 유한요소의 정식화

요소 내 변위는 요소 절점 자유도$\{d\}$에 의해 보간하여 얻을 수 있다.

$$\{u\} = [N]\{d\} \tag{4.32}$$

변형률은 변위를 미분하여 다음과 같이 표현된다.

$$\{\varepsilon\} = [B]\{d\} \tag{4.33}$$

여기서,

$$[B] = [\partial][N]$$

따라서 위의 두 식을 대입하면

$$\left\{\int [B]^T[E][B]dV\right\}\{d\} = \int [B]^T[E]\{\varepsilon_0\}dV - \int [B]^T\{\sigma_0\}dV + \int [N]^T\{F\}dV + \{P\} \tag{4.34}$$

전체 좌표계의 절점 자유도$\{D\}$에 대하여 각 요소를 결합하여 평형방정식을 유도하면,

$$[K]\{D\} = \{R\} \tag{4.35}$$

여기서,

강성 행렬, $[K] = \sum_{i=1}^{n}\int [B]^T[E][B]dV$

하중 벡터, $\{R\} = \{R_\varepsilon\} - \{R\sigma\} + \{R_F\} + \{R_P\}$

초기변형률 하중 벡터, $\{R_\varepsilon\} = \sum_{i=1}^{n}\int [B]^T[E]\{\varepsilon_0\}dV$

초기응력 하중 벡터, $\{R_\sigma\} = \sum_{i=1}^{n}\int [B]^T\{\sigma_0\}dV$

물체력 하중 벡터, $\{R_F\} = \sum_{i=1}^{n}\int [N]^T\{F\}dV$

외력 하중 벡터, $\{R_P\} = \sum_{i=1}^{n}\{P\}$

온도응력 해석에서도 온도 해석과 마찬가지로 3차원 등 매개 요소(isoparametric

elements)를 사용하였다. 그러므로 변형률-변위 관계와 위의 식을 이용하면 $[B]$ 행렬은 다음과 같이 정방행렬의 곱으로 표현된다.

$$[B] = [H][\overline{\Gamma}][\overline{DN}] \tag{4.36}$$

여기서,

$$[H] = \begin{bmatrix} 1\,0\,0\,0\,0\,0\,0\,0\,0 \\ 0\,0\,0\,0\,1\,0\,0\,0\,0 \\ 0\,0\,0\,0\,0\,0\,0\,0\,1 \\ 0\,1\,0\,1\,0\,0\,0\,0\,0 \\ 0\,0\,0\,0\,0\,1\,0\,1\,0 \\ 0\,0\,1\,0\,0\,0\,1\,0\,0 \end{bmatrix}$$

$$[\overline{\Gamma}] = \begin{bmatrix} \Gamma_{11} & \Gamma_{12} & \Gamma_{13} & 0 & 0 & 0 & 0 & 0 & 0 \\ \Gamma_{21} & \Gamma_{22} & \Gamma_{23} & 0 & 0 & 0 & 0 & 0 & 0 \\ \Gamma_{31} & \Gamma_{32} & \Gamma_{33} & 0 & 0 & 0 & 0 & 0 & 0 \\ 0 & 0 & 0 & \Gamma_{11} & \Gamma_{12} & \Gamma_{13} & 0 & 0 & 0 \\ 0 & 0 & 0 & \Gamma_{21} & \Gamma_{22} & \Gamma_{23} & 0 & 0 & 0 \\ 0 & 0 & 0 & \Gamma_{31} & \Gamma_{32} & \Gamma_{33} & 0 & 0 & 0 \\ 0 & 0 & 0 & 0 & 0 & 0 & \Gamma_{11} & \Gamma_{12} & \Gamma_{13} \\ 0 & 0 & 0 & 0 & 0 & 0 & \Gamma_{21} & \Gamma_{22} & \Gamma_{23} \\ 0 & 0 & 0 & 0 & 0 & 0 & \Gamma_{31} & \Gamma_{32} & \Gamma_{33} \end{bmatrix}$$

$$[\overline{DN}]^T = \begin{bmatrix} N_{1,\xi} & N_{1,\eta} & N_{1,\zeta} & 0 & 0 & 0 & 0 & 0 & 0 \\ 0 & 0 & 0 & N_{1,\xi} & N_{1,\eta} & N_{1,\zeta} & 0 & 0 & 0 \\ 0 & 0 & 0 & 0 & 0 & 0 & N_{1,\xi} & N_{1,\eta} & N_{1,\zeta} \\ \vdots & \vdots & \vdots & \vdots & \vdots & \vdots & \vdots & \vdots & \vdots \\ N_{8,\xi} & N_{8,\eta} & N_{8,\zeta} & 0 & 0 & 0 & 0 & 0 & 0 \\ 0 & 0 & 0 & N_{8,\xi} & N_{8,\eta} & N_{8,\zeta} & 0 & 0 & 0 \\ 0 & 0 & 0 & 0 & 0 & 0 & N_{8,\xi} & N_{8,\eta} & N_{8,\zeta} \end{bmatrix}$$

콘크리트 재료의 물성은 일적으로 탄성계수 E, 푸아송비 ν 로 나타낼 수 있다. 콘크리트를 등방성 재료로 가정하면 등방성 3차원 요소의 재료 물성 행렬 $[E]$는 다음과 같이 표현된다.

$$[E] = \frac{E}{(1+\nu)(1-2\nu)} \begin{bmatrix} 1-\nu & \nu & \nu & 0 & 0 & 0 \\ \nu & 1-\nu & \nu & 0 & 0 & 0 \\ \nu & \nu & 1-\nu & 0 & 0 & 0 \\ 0 & 0 & 0 & \frac{1-2\nu}{2} & 0 & 0 \\ 0 & 0 & 0 & 0 & \frac{1-2\nu}{2} & 0 \\ 0 & 0 & 0 & 0 & 0 & \frac{1-2\nu}{2} \end{bmatrix} \tag{4.37}$$

초기 변형률은 비역학적 변형률을 의미하고 다음과 같은 요소로 나눌 수 있다.

$$\{\varepsilon_0\} = \{\varepsilon_c\} + \{\varepsilon_s\} + \{\varepsilon_T\} \tag{4.38}$$

여기서,

$\{\varepsilon_c\}$ = 크리프 변형도 벡터

$\{\varepsilon_s\}$ = 수축 변형도 벡터

$\{\varepsilon_T\}$ = 온도에 따른 변형도 벡터

$= \alpha_c(\sum N_i \Delta T_i)\,[1\,1\,1\,0\,0\,0]^T$

여기서, ΔT_i 는 요소의 각 절점의 상대 온도이고, α_c 는 열팽창계수이다.

한편으로, 초기 변형률은 초기 응력으로 고려될 수도 있다. 이 해석에서는 온도의 영향을 초기 변형률로 고려하여 해석하므로 위의 식에서 $\{\sigma_0\} = \{0\}$ 로 나타낼 수 있다. 콘크리트 자중은 다음과 같이 표현된다.

$$\{F\} = \begin{pmatrix} 0 \\ 0 \\ -\rho \end{pmatrix} \tag{4.39}$$

여기서, ρ 는 콘크리트 자중을 의미한다.

요소 내 응력 $\{\sigma\}$는 기지의 절점 자유도 $\{d\}$로부터 계산된다. 따라서 요소내 응력 $\{\sigma\}$는

$$\{\sigma\} = [E]\,(\{\varepsilon\} - \{\varepsilon_0\}) \tag{4.40}$$

으로 구할 수 있다.

4.4 대기 온도 및 타설 온도

4.4.1 대기 온도

매스 콘크리트 구조물에 있어서 가장 중요하게 고려되는 온도는 콘크리트가 타설할 때 평균 대기 온도와 구조물의 수명 동안에 발생 가능한 최소 평균 온도이다. 타설 온도가 낮을 경우 두께가 얇은 부재는 시멘트 종류 및 양에 무관하게 수화에 의한 온도의 상승은 매우 적을 것이다. 반면에 같은 부재라 하더라도 보온 거푸집을 사용하고 높은 타설 온도로 타설되면 온도 상승량은 크게 된다.

일반적으로 선행 냉각과 같은 특별한 조치가 없는 경우 콘크리트의 타설 온도는 대기 온도보다 다소 높게 된다. 매스 콘크리트 구조물 내부가 하강하는 최종 온도는 구조물이 위치한 지역의 연평균 대기 온도까지 하강하게 된다. 열대 기후를 제외한 경우 저수 용량이 큰 댐의 상류측 콘크리트의 온도는 물의 최대 밀도일 때 온도인 4 ℃를 유지한다. 그러므로 콘크리트 내부의 최대 온도 하강량은 초기 타설 온도에 단열 온도 상승량을 더한 것에 공기중에 소산된 열과 최종 안정 온도를 뺀 것으로 결정된다. 타설 높이가 1.6 m인 구조물에서 대기 온도가 콘크리트의 내부 온도보다 약 11 ℃ 정도 낮고 다음 타설이 5일 이후에 이루어지는 경우, 수화열에 의해 발생되는 열의 약 25 퍼센트를 잃는다. 콘크리트 타설 높이가 1.6 m이고 콘크리트 내부 온도와 대기 온도가 유사하면 열 손실은 거의 없게 된다.

대기 온도는 콘크리트 표면 온도에 큰 영향을 미치고 매스 콘크리트의 내부와 표면의 온도 경사는 매우 중요한 고려 사항이다. 콘크리트 내부 온도는 높은 상태에서 대기 온도가 1일 중 야간, 계절적으로 가을, 겨울에 대기온도가 하강하여 콘크리트 표면 온도가 매우 낮을 경우 심각한 균열을 야기할 수 있다. 계절이 변화하여 수일간 갑작스럽게 대기 온도가 하강하면 콘크리트의 인장변형률은 인장변형률 능력에 근접하게 된다. 이런 문제는 8.4절에 서술된 표면 단열로 온도 균열을 제어할 수 있다.

4.4.2 타설 온도

콘크리트의 타설 온도는 월평균 대기 온도와 거의 같거나 약간 높다고 가정할 수 있다. 설계기준에서는 보통 일반적인 기후 조건과 극한 기후 조건으로 구분하여 타설 온도의 최대 값과 최소 값을 제한해야 한다. 서중의 경우 ACI 305R에서는 타설 조건에 따라 초기 타설 온도의 최대를 24~38 ℃로 제한하고 있다. 서중 콘크리트를 시공할 때 굵은 골재나 콘크리트를 냉각하는 조치를 취하지 않는 경우 타설 온도는 일평균 기온보다 3~6 ℃ 높게 된다. ACI 305R에 의하면 어떠한 경우이더라도 콘크리트의 타설 온도는 38 ℃를 초과해서는 안 되며, 콘크리트 표준시방서 서중 콘크리트 편에서는 최대 타설 온도를 35 ℃로 제한하고 있다. ACI 306R의 표 3.1에서는 콘크리트 최저 타설 온도를 제시하고 있고 시공할 때 이를 고려하도록 하였다. 콘크리트 표준시방서 한중 콘크리트 편에는 구조물의 단면 치수, 기상 조건을 고려하여 5~20 ℃의 범위에서 타설 온도를 정하고, 기상 조건이 가혹하고 부재가 얇은 경우 최소 콘크리트 타설 온도를 10 ℃ 정도 확보하도록 규정하고 있다. 봄, 가을의 타설 온도는 여름과 겨울의 타설 온도의 중간 값 근처에서 합리적으로 결정되어야 한다.

4.4.3 구조물 사용 기간중 최종 온도

콘크리트의 최종 온도의 최소 값은 구조물의 노출 조건에 따라 다르다. 한중에 시공된 구조물에서 발생 또는 진전하는 균열은 시공중 철근응력이 탄성 범위에 놓여 있으면 구조물의 공용 기간 중 온도 균열이 닫힐 수 있기 때문에 콘크리트 구조물의 최종 온도나 구조물 공용 기간중의 온도는 주요한 관심사가 된다. 콘크리트의 최소 온도는 약 1주간의 최소 노출 온도의 평균값으로 가정하는 것이 안전 측이다. 지반이나 암반의 온도는 콘크리트 벽체나 슬래브의 온도에 영향을 미치고, 콘크리트 부재의 냉각 경로, 즉 V/S에 따라 결정된다. 지반이나 암반에 노출된 콘크리트면에서 약 2.4~3.0 m 지점까지 지반 및 암반의 온도가 영향을 미치게 된다.

지반 또는 암반의 온도를 고려한 콘크리트 최소 온도 $T_{\min}$는 다음 식과 같이 근사적으로 계산될 수 있다.

$$T_{\min} = T_A + \frac{2(T_M - T_A)}{3}\sqrt{\frac{V/S}{96 \cdot 25.4}} \tag{4.41}$$

여기서, T_A : 약 1주일 간 노출 기간에서 최소 평균 대기 온도(℃)

T_M : 지반 또는 암반의 온도, 기후에 따라 4~16 ℃의 범위에 있다.

V/S : 체적/표면비 (mm^3/mm^2)

05 장 구속 메커니즘

5.1 개요

일반적으로 수화열에 의한 온도 균열 발생은 부피가 큰 구조물일수록 불리하지만, 지반 조건 및 시공 방법 등에 따른 구속 조건이 온도응력 발생에 미치는 영향이 지배적이므로 온도 증감에 대한 거동 메커니즘을 이해하기 위해서는 외부 구속 및 내부 구속에 대한 요인을 파악해야 한다.

콘크리트가 온도 변화와 건조 수축에 의하여 체적 변화가 발생하고, 이로 인한 수축이 발생하는 콘크리트 구조물이 기초나 근접한 구조 요소 또는 콘크리트 부재 내부에 의하여 구속을 받음으로써 결과적으로 인장응력과 인장력을 발생시킨다.

구속도를 나타내는 K_R은 완전 구속 상태일 때 응력과 체적 변화로부터 기인하고 있는 실제 응력의 비로 정의된다. 수치적으로 실제 발생하는 변형률은 구속되지 않고 자유롭게 발생하는 체적 변화에 의한 변형률에 구속도를 곱한 것과 같다.

모든 콘크리트 부재들은 지지 조건이나 구조물의 다른 부재에 의해 영이 아닌 구속도를 받게 된다. 구속된 체적 변화는 구속된 형태, 그리고 체적의 증가 또는 감소에 따라 인장응력, 압축응력, 휨응력 등을 유발한다. 콘크리트는 재료적으로 압축력에 저항하는 능력이 매우 우수하므로 통상 구속에 의한 압축응력은 기술자의 관심사가 아니라 온도나 건조 수축에 의한 수축이 구속되어 유발되는 인장응력이 주 관심사이다. 이러한 구속의 형태는 크게 외부 구속과 내부 구속으로 나누어 생각할 수 있다. 구속도와 이와 연관된 해석해에 대한 연구는 Tatro and Shrader(1985, 1992), Gamer and Hammons(1991)에 의해 수행되었다.

5.2 외부 구속

외부 구속 조건이란 타설된 콘크리트와 기존의 재료 간에 접촉이 이루어지고, 이와 같이 접촉이 이루어진 면에서 온도 증감 또는 건조 수축에 의한 콘크리트의 체적 변화를 구속하게 되어 균열이 발생하게 됨을 의미한다. 그림 5.1은 이미 타설된 바닥판이나 암반 위에 타설되는 구조물이 외부 구속 작용을 받아 균열이 발생하는 메커니즘을 설명하고 있다.

이미 타설된 콘크리트 또는 암반 등 기존 재료와 새롭게 타설된 콘크리트 사이의 접촉면을 따라 연속적인 구속이 존재한다. 구속도는 주로 두 재료 간의 상대적인 치수, 강도, 탄성계수에 의해 결정된다. 그림 5.2의 위쪽 그림과 같이 일체 타설한 콘크리트의 길이 감소로 인한 구조물 중심선상 임의점의 인장응력은 다음 식으로 구해진다.

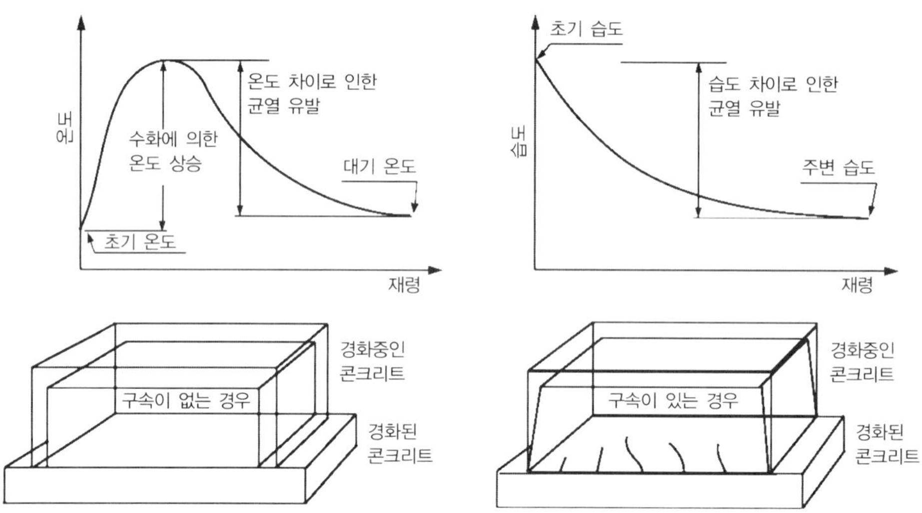

그림 5.1 **외부 구속 응력의 발생 기구**

$$f_t = K_R K_f \Delta_c E_c \tag{5.1}$$

K_f : 기초의 구속 영향 계수

K_R : 구속도

Δ_c : 구속이 일어나지 않았을 때의 수축

E_c : Δ_c가 발생하고 지속적으로 포함되었을 때 콘크리트의 시간에 따른 탄성계수

균열이 발생하지 않은 콘크리트 부재의 임의점의 응력은 콘크리트 변형률에 비례한다. 지반에 의해 연속적으로 구속된 부재나 다른 방법에 의해 균일한 수평방향 길이 변화를 받는 부재의 수평응력은 구속도에 따라 부재 내의 각 위치마다 다르다. 대형 구조물의 구속 조건을 더 잘 모델링하기 위하여 구조 형상에 따른 구속 영향 계수 K_R과 기초에 의한 구속 영향 계수 K_f의 두 개의 영향 계수를 만들었으며, 이를 다음에서 각각 설명한다.

구속도는 길이-높이비(L/H)에 따라 변화한다. 그림 5.2는 일체 타설한 콘크리트의 경우를 보인 것이다. 이 도표는 균열 평가에 대한 다년간의 경험으로부터 만들어졌는데, Carlson(1937)의 실험 자료에서 처음 보고되었으며 후에 U. S. Bureau of Reclamation(1965)에 의해 출판된 실험 자료에 근거를 두고 있다. 구속 영향 계수 K_R은 콘크리트 구조물의 상대적인 크기에 근거하여 식 (5.1)의 구속도와 응력을 수정한다.

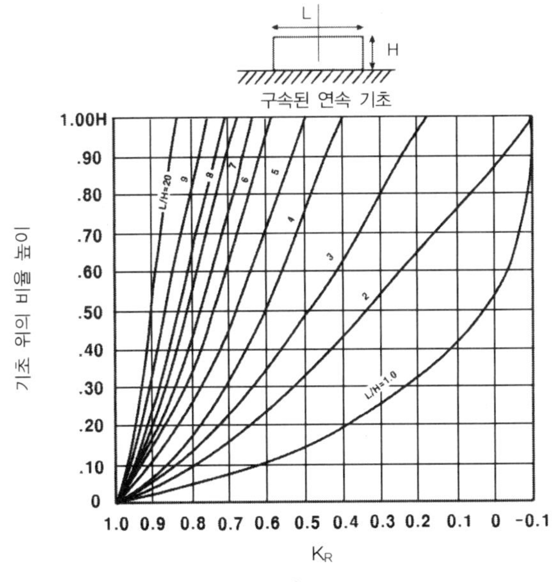

그림 5.2 **중앙 단면의 인장 구속도**

구속에 의한 콘크리트 응력은 콘크리트 구속하는 기초 재료의 강성 감소에 직접 비례하여 줄어든다. 식 (5.1)에 사용된 구속 영향 계수 K_f는 다음과 같은 근사식으로 표현된다(U. S. Bureau of Reclamation, 1965).

$$K_f = \frac{1}{1 + \frac{A_g E_c}{A_F E_F}} \quad (5.2)$$

A_g : 콘크리트 횡단면의 총 면적

A_F : 기초의 면적, 다른 부재의 구속으로 단축된 요소, 일반적으로 접촉된 표면

E_c : 콘크리트 탄성계수

E_F : 기초의 탄성계수

암반 위의 매스 콘크리트의 경우, 일반적으로 구속 효과를 내는 면적 A_F의 최대 값은 $2.5A_g$로 가정할 수 있고, 따라서 K_f는 표 5.1과 같이 나타난다.

체적 변화가 구속되어 발생한 콘크리트의 응력이 콘크리트 인장강도에 도달하면 균열이 발생한다. 콘크리트 부재가 균일한 체적 감소를 받고 있을 때 기초나 단부에서 구속을 받고 있다면 균열은 각각 구속도가 가장 큰 단부나 기초에서 시작되고, 추가 균열을 발생시킬 응력이 부족한 지점까지 기초에서 상부로 또는 단부에서 외부로 진전될 것이다. 초기 균열 이후 구속에 발생된 인장력은 비균열 부위로 전달되고, 따라서 균열 상부의 인장응력을 증가시킨다. 이러한 이유에 의해서 그림 5.2를 보면 L/H가 2.5 이상인 경우, 균열을 시작시킬 정도의 충분한 인장응력이 있으면 균열은 전체 높이에 걸쳐 진전하게 된다. 많은

표 5.1 기초 강성에 대한 기초 구속 영향 계수

E_F/E_c	K_f
∞	1.0
2	0.83
1	0.71
0.5	0.56
0.2	0.33
0.1	0.20

실험 결과에 의하면 균열이 일단 시작되면 균열을 발생시키는 데 필요한 것보다 작은 인장응력으로도 균열이 성장한다(ACI 224R).

이상의 논의에 의하면, 기초에 의해 완전히 구속된 무근 벽체 또는 무근 슬래브가 전체 단면에 균열을 발생시킬 수 있는 체적 변화를 받게 되면 결국 높이의 1~2배 간격의 관통 균열이 발생하게 된다. 각 균열이 발생되면 그것은 전체 높이에 걸쳐 발생하게 되고 기초 구속을 재분배하여 균열간의 벽체나 슬래브가 각각 독립적으로 거동하게 된다. 기초 중심선의 응력 분포를 결정하기 위해 식 (5.1)과 그림 5.2의 K_R을 사용하면 다양한 L/H에 대한 내부 응력 분포로부터 균열 발생할 때 존재하는 구속력과 모멘트를 구할 수 있으며, 이를 그림 5.3에 나타내었다. 균열이 발생 후 부재 전체 높이까지 즉각 진전되는 것이 아니므로 체적 변화를 계속 일으키는 구동력이 존재해야 한다.

진전하는 균열은 그 위의 모든 단면에서 인장응력을 증가시킨다. 인장강도보다 인장응력이 낮은 구역으로 이미 발생된 균열을 전파시키기 위해서는 추가 응력이 필요하다. 이는 균열 선단의 형태, 즉 균열 선단이 뾰족한지 뭉툭한지와 같은 다양한 요소들에 달려있다. 그림 5.4에서 최대 구속력, 즉 최대 기초 전단력은 초기 균열을 일으키는 체적 감소가 발생했을 때 일어난다. 최대 모멘트, 즉 최대 기초 구속도는 균열이 단면 높이의 0.2~0.3배일 때 발생한다. 그 지점에서 더 이상의 체적 감소 없이 균열은 자유롭게 전체 단면까지 관통하게 된다. 그림 5.4에서, L/H 2.5인 콘크리트 구조물의 중심선에서의 최대 구속도는 약 $0.18f_t'BH^2$, 반올림하여 약 $0.2f_t'BH^2$ 까지다. 여기서, f_t'은 콘크리트 인장강도이다.

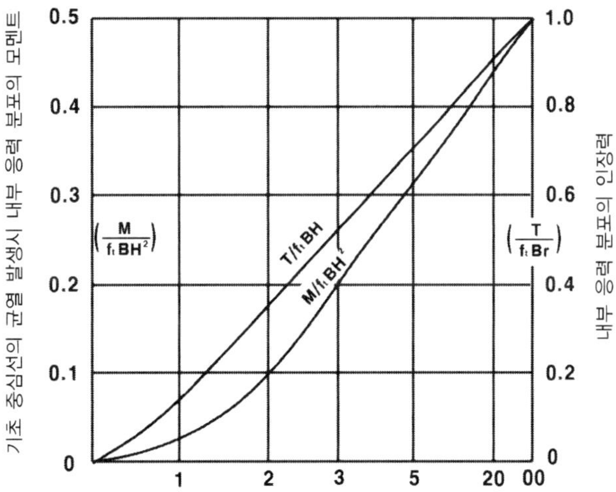

그림 5.3 **구속된 기초에서 균열 발생할 때 내력**

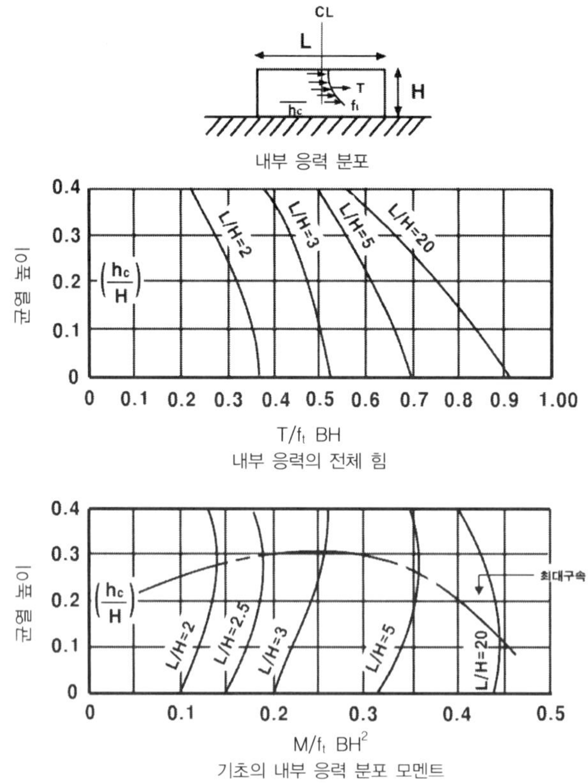

그림 5.4 **균열 전파에 의한 내력 변화**

이 값을 단면 전체의 관통 균열이 가능한 기초 구속도의 최소 값으로 볼 수 있다. 이에 해당하는 무근 콘크리트에서의 관통 균열 간격은 약 1.25H가 된다.

5.3 내부 구속

온도 및 수축에 의한 콘크리트 단면의 내외부의 체적 변화가 부등한 경우 내부 구속이 발생한다. 예를 들면 그림 5.5와 같이 벽, 슬래브에서 내부의 온도가 표면의 온도보다 더 큰 경우나 단면의 내외부에서 부등한 건조 수축이 발생할 때 내부 구속이 유발된다. 이와 같이 내부 구속은 콘크리트의 체적 변화가 단면에서 균일하지 않을 때 발생하는 현상으로, 콘크리트의 내부에는 압축 응력이 발생하고 수축량이 많은 외부에는 인장 응력이 발생하여 콘크리트 표면의 균열을 야기한다. 주로 초기 재령 콘크리트에서 나타나며 부피가 큰

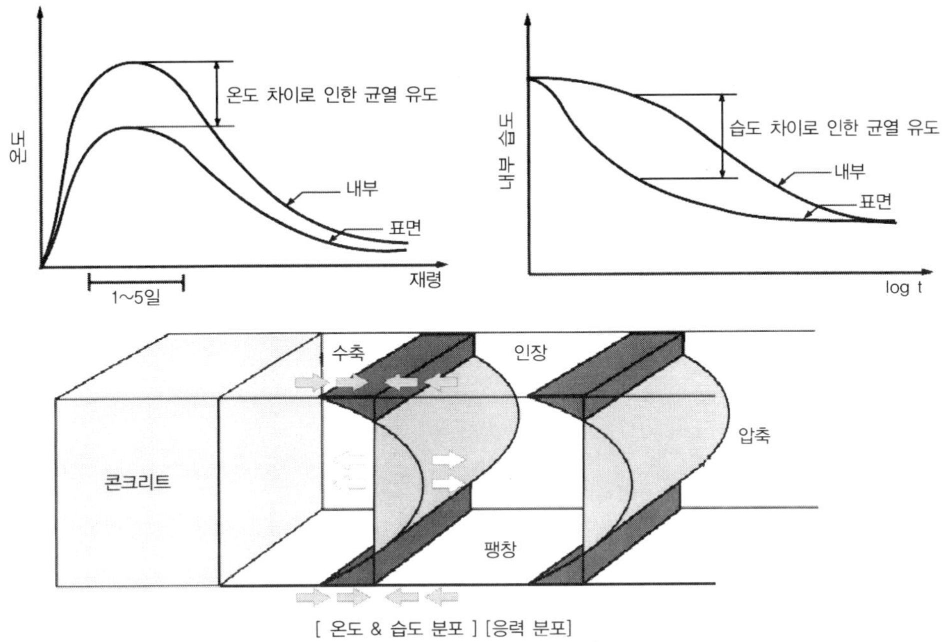

그림 5.5 **내부 구속 응력의 발생 기구**

구조물 균열 발생의 주원인으로 파악되고 있다.

콘크리트 구조물은 내부 구속과 외부 구속에 의한 응력이 모두 발생하나, 일반적으로 외부 구속 조건에 의한 응력 발생이 큰 구조물의 경우에는 상대적으로 내부 구속에 의한 영향이 줄어드는 반면, 부피가 큰 콘크리트 구조물의 경우 내부 구속의 영향이 지배적이므로 외부 구속에 의한 영향은 크게 줄어든다.

예를 들어 최소 치수가 0.6 m보다 큰 대부분의 콘크리트 구조물의 내부는 거푸집이 제거되는 시기의 대기 온도보다 높은 온도를 가진다. 콘크리트와 거푸집 사이의 경계면 콘크리트의 온도는 내부보다는 작고 대기 온도보다는 높을 것이다. 강재 거푸집은 이러한 대기와 콘크리트 표면과의 온도 차이가 적을 수 있지만 단열 처리된 강재 거푸집이나 목재 거푸집은 온도 차이가 크게 발생한다. 거푸집이 제거될 시기에 대기 온도와 콘크리트 표면 온도 차이가 크게 되면 급격한 온도 충격에 의해 표면 균열이 발생하게 된다.

계절적으로 갑자기 대기 온도가 하강하는 가을이나 차가운 물이 저장된 저수지에서 방류를 하는 경우 동일한 표면 균열이 발생할 수 있다. 이와 같이 급격한 대기 온도의 저하는 콘크리트 표면과 내부의 온도 경사로 인하여 콘크리트 표면에 내부 구속도 100 퍼센트에 해당하는 인장응력이 발생한다. 또한 거푸집을 설치하지 않는 콘크리트 노출면은 이러

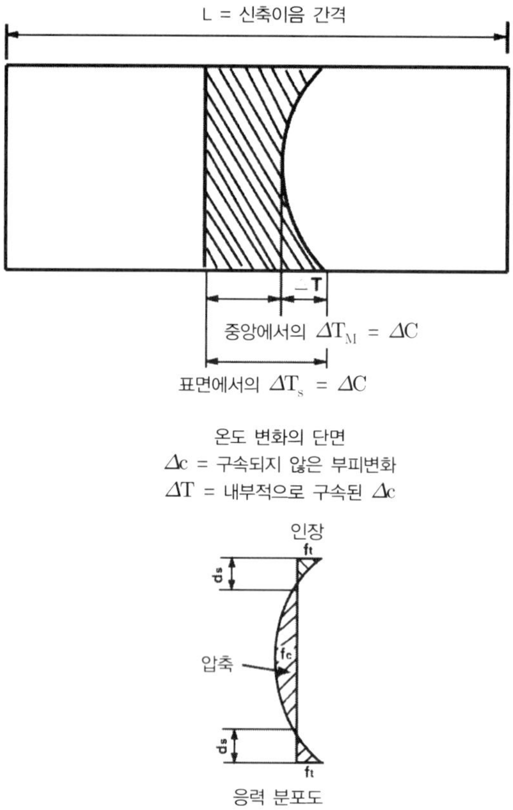

그림 5.6 **내부 구속**

한 내부 구속에 의한 균열에 취약한 부위에 해당한다.

이러한 내부 구속 문제는 대부분 추운 계절이 2회 이상 지나게 되면 내부 수화열이 소실되고 온도 경사가 작아지기 때문에 온도 균열이 발생하지 않게 된다.

내부 구속은 그림 5.6과 같이 단면 내부는 온도 및 습도가 높아 팽창하고 표면은 온도 및 습도가 낮아 수축하려고 할 때, 단면 내부의 구속으로 표면부에 인장응력이 유발되고 중심부는 압축응력이 유발되는 작용이다. 변형의 적합 조건을 만족하기 위하여 발생하는 단면의 인장력과 압축력은 평형을 이루어야 한다. 이러한 평형조건으로부터 인장응력 블록의 깊이 d_s를 구할 수 있다. 인장응력 블록의 깊이 d_s가 조인트 간격 L보다 상대적으로 큰 값을 가지면 온도 및 수축에 의한 체적 변화로 유발되는 인장응력은 무시할 정도이다. 예를 들어 콘크리트 표면 온도의 1년간의 변화가 콘크리트 내부 온도 변화의 4배이고, 단면 두께가 30 m인 댐의 경우 인장응력 블록의 깊이는 약 4.6 m가 된다. 이때 조인트 간격이 15 m일 경우 L/d_s=3.3이고, 그림 5.1에서 L/d_s를 L/H로 적용하여 콘크리트 표면의 구속도는 25 퍼센트로 정할 수 있다. 또한 일교차에 의한 온도 변화가 발생하는 깊이는 0.6 ~ 0.8 m이고, d_s=0.6 m로 가정하면 콘크리트 표면에서의 구속도는 대략 85 퍼센트이다. 이 때 콘크리트 인장강도를 2 MPa, 탄성계수는 20,000 MPa, 열팽창계수 9×10^{-6}이라고 가정하면 내부 구속에 의한 표면 균열은 콘크리트 표면 온도가 13 ℃ 하강할 때 발생한다. 또한 동일한 인장응력을 유발하는 연간 온도 변화량은 46 ℃에 해당한다. 댐과 같은 큰 단면을 가지는 콘크리트 구조물에서 일교차에 의한 온도로 균열이 유발될 가능성은 희박하다.

벽체와 슬래브의 서로 마주보는 면의 온도는 노출 조건이 다르므로 동일하지 않은 경우가 많다. 벽체와 슬래브의 내·외부 온도 분포는 보통 포물선 또는 지수곡선으로 가정할 수 있다.

슬래브와 벽체의 내·외부 온도 분포는 구속되지 않으면 휘지만 구속되면 휨응력을 유발하게 된다.

인장응력 블록에서 응력이 영이 되는 평면은 열전달 해석이나 ACI 207.2R의 근사 해법으로 구할 수 있다. 전체 콘크리트 체적에 대한 표면의 온도가 낮은 부분의 체적의 비는 슬래브 또는 벽체가 댐과 같은 대단면 구조보다 더 크다. 앞서 언급한 바와 같이 일교차에 의한 온도 변화가 발생하는 깊이는 0.6~0.8 m 이상이라고 가정할 수 있고, 내부 구속을 받는 콘크리트 표면의 구속도를 계산할 때 인장응력 블록의 깊이 d_s를 1 m로 정할 수 있다.

06 장

온도 균열폭 제어

6.1 개요

예상치 못한 위치에서 발생된 대규모 균열은 대부분의 구조물에서 바람직하지 않다. 철근 콘크리트 구조물에서 그러한 균열이 발생했다면 균열에 수직인 철근이 항복했을 가능성이 높다. 매스 콘크리트에서 철근은 균열 크기를 제한할 목적으로 사용된다. 큰 균열은 대상 구조물의 종류에 따라 문제점이 될 수 있으므로 철근을 사용하는 것이다. 표면의 균열폭은 외관상 미적으로도 중요하며 측정하기 쉽고, 대부분의 제약 조건에서 다루게 된다. 처음에는 표면의 균열폭이 철근 위치의 균열폭보다 클 수 있으나 시간 경과에 따라 그 차이는 점차 줄어든다. 또한 섬유보강 콘크리트에는 큰 균열 한 개보다는 다수의 미세 균열이 생긴다. 그러나 섬유는 철근이 존재하는 경우에는 그 강점이 다소 줄어든다.

물을 저장하는 구조물의 경우 폭이 0.05 mm로 작아 거의 보이지도 않은 균열에 의해서도 누수가 초기에 발생할 수 있다. 그러나 균열폭이 0.13 mm 정도까지 되더라도 더 이상 성장하지 않는 균열이라면 물이 충분할 경우 균열은 자체적으로 치유될 수 있고 계속적인 누수는 발생하지 않기도 한다. 누수는 노출면을 오염시키고 표면 도포제에 문제를 일으킬 수 있다. 콘크리트 구조물에서 균열을 제어하기 위한 철근 배치 설계 가이드가 ACI 224R에 제시되어 있다.

6.2 수축이음 설계

제어되지 않은 균열의 크기와 수를 줄이기 위해 수축이음을 사용하는 것이 오랫동안의 관례가 되었다. 도로의 보도나 차도 포장에서 홈으로 약한 면을 만들어 홈과 일직선으로 일치하도록 균열을 유도하고 있다. 이 개념은 대형 벽체나 슬래브에서 균열을 제어하기 위한 방법으로 영국에서 사용되었다. 이러한 경험은 RCC댐의 표면 콘크리트 건설에도 이용된다. 영국에서는 플라스틱이나 금속 차단제를 설치하여 특정 위치에 균열을 유도한다. Turton(1977)에 의하면 단면적을 10 퍼센트만 줄여도 실험 결과가 성공적이며, 현장에서 전단면의 균열을 확보하기 위해서는 20 퍼센트가 추천된다. 표면 홈의 깊이는 당연히 연속 배근된 철근에 의해 제약을 받는다. 따라서 단면 감소량을 확보하기 위해서 매스 콘크리트 단면 내부에 어떤 형태의 빈 공간을 두어야 한다. 이러한 빈 공간은 플라스틱 파이프나 하중에 의해 평평해지지 않고 형상을 유지할 수 있는 관을 이용하여 만들 수 있다. 다른 방법으로는 균열을 유도용 물벽체의 특허제품을 사용할 수도 있다. 균열 제어 시스템의 주요 장점은 균열을 홈 속으로 숨길 수 있다는 것이다. 또 수분 차단벽이 설치되어 있고 균열을 통과하는 철근이 구조물의 일체화에 필요하지 않은 최소한의 철근인 경우, 균열폭과 크기는 중요하지 않게 된다.

6.3 온도 균열폭

기존의 실적으로부터 온도응력 및 온도 균열 발생이 문제가 되지 않는다고 판단되는 경우나 온도응력으로부터 계산한 온도 균열 지수가 1.5 이상이면 별도의 온도 균열 제어 대책을 수립하지 않을 수 있다.

구조물의 내구성에 손상을 줄 수 있는 큰 폭의 유해한 온도 균열을 철근에 의해 제어할 경우에는 먼저 기존에 배치된 철근으로 균열폭이 제어되는지 검토하고, 철근량이 부족할 경우 추가의 온도 철근을 배치해야 한다.

온도 균열은 축적된 인장응력이 균열 발생에 의해 이완됨에 따라 어떠한 폭을 갖게 된다. 이러한 균열폭은 응력 이완에 의한 콘크리트의 수축 변형과 그 변형을 방해하려고 하는 구속체와 철근의 구속에 의해 영향을 받지만, 철근비가 작은 경우에는 상당히 큰 값을 가질 수도 있다. 균열 발생 후에 온도가 하강하면 수축 변형이 일어나므로 새로운 균열이 발생하지 않는 한 기존의 균열이 확대된다.

균열폭을 제어하기 위해서는 재료의 배합, 시공 방법 등을 변경하여 온도 균열 지수를 되도록 크게 하는 것이 좋다.

상기의 대책만으로 균열폭을 제어할 수 없는 경우에는 철근에 의해 제어하는 방법도 있다. 철근으로 균열폭을 제어할 경우 균열폭의 분산을 고려하여 시공성의 확보가 가능한 범위 내에서 같은 철근량이라도 되도록이면 작은 직경의 철근을 분산시켜 배치하도록 배근 계획을 세우는 것이 좋다.

균열폭과 온도 균열 지수나 철근비의 상호관계에 대하여는 아직 명확히 밝혀져 있지 않으며, 또한 예측 방법도 확립되어 있지 않기 때문에 균열폭을 예측하기 위해서는 과거의 사례 등을 참고하는 것이 좋다.

그림 6.1은 L/H가 10 ~ 15(L, H : 구속을 받는 구조물의 길이와 높이), 외부 구속도가 0.5 ~ 0.7, 단면의 평균 온도의 최대 강하량이 20 ~ 54 ℃의 범위에 있는 벽체 형상의 실제 구조물 및 실험체로부터 얻어진 최대 균열폭과 온도 균열 지수와의 관계를 구속을 받는 구조체 전단면에 대한 철근비별로 나타낸 것이다.

매스 콘크리트 구조물에서 균열폭을 가능한 최소한으로 유지하는 것이 바람직하다. 철근 콘크리트 구조물은 보통 ACI 318 또는 ACI 350에 따라 설계된다. ACI 224R의 표 4.1의 노출 조건에 대한 균열폭 관계를 보면 허용 균열폭에 대한 기존의 관점을 알 수 있다. 비록 허용 균열폭에 대한 현재의 의견들과 일치하지는 않을지라도 그것들로부터 허용 값에 대한 가이드로 삼을 수 있다.

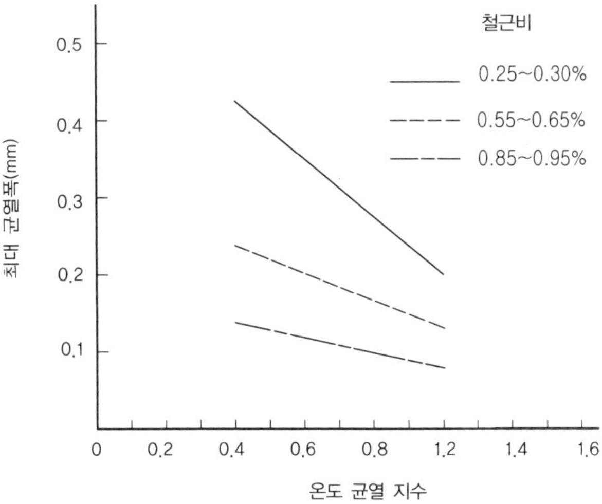

그림 6.1 **최대 균열폭과 온도 균열 지수와의 관계**

철근을 사용한 균열폭 제한은 부재가 커질수록 더 어려워지고 있다. 온도 균열을 제어하기 위한 가장 효율적인 방법은 배합의 단열 온도 상승량을 제한하는 것이다. 부재 크기가 증가함에 따라 이 방법이 더욱 중요하게 다루어지고 있다.

07 장

시 공

7.1 일반 사항

매스 콘크리트의 시공은 콘크리트 구조물이 소요의 품질과 기능을 만족할 수 있도록 사전에 시멘트의 수화열에 의한 온도응력 및 온도 균열에 대해 충분히 검토한 후에 시공 계획서를 작성하여 이것에 따라 실시해야 한다. 매스 콘크리트를 시공할 때 균열 제어의 표준적인 방법으로서 그림 7.1에 나타낸 흐름도를 따를 수 있다.

매스 콘크리트의 균열 제어 방법으로 설계, 재료의 선정, 시공 방법 등 여러 가지 대책을 생각할 수 있다.

균열 발생의 평가 방법으로는 기존의 실적에 의한 평가와 온도 균열 지수에 의한 평가의 두 가지 방법이 있다. 기존 실적에 의한 평가를 할 수 있는 것은 (1) 높이가 낮은 옹벽 등 중요성이 적은 구조물, 또는 경험적으로 균열의 발생도 적고 균열이 발생하더라도 기능상 거의 문제가 되지 않는다고 알려진 구조물, (2) 철근 콘크리트 고가교 등과 같이 수많은 시공 예가 있고, 시공 경험상 적절한 시공을 실시하면 유해한 균열이 생기지 않는다는 사실이 실적에 의해 증명되고 있는 구조물이다. 중요한 구조물에서 균열의 방지 또는 제어가 요구되는 경우에는 온도 균열 지수에 바탕을 둔 방법에 의하여 평가하는 것으로 한다.

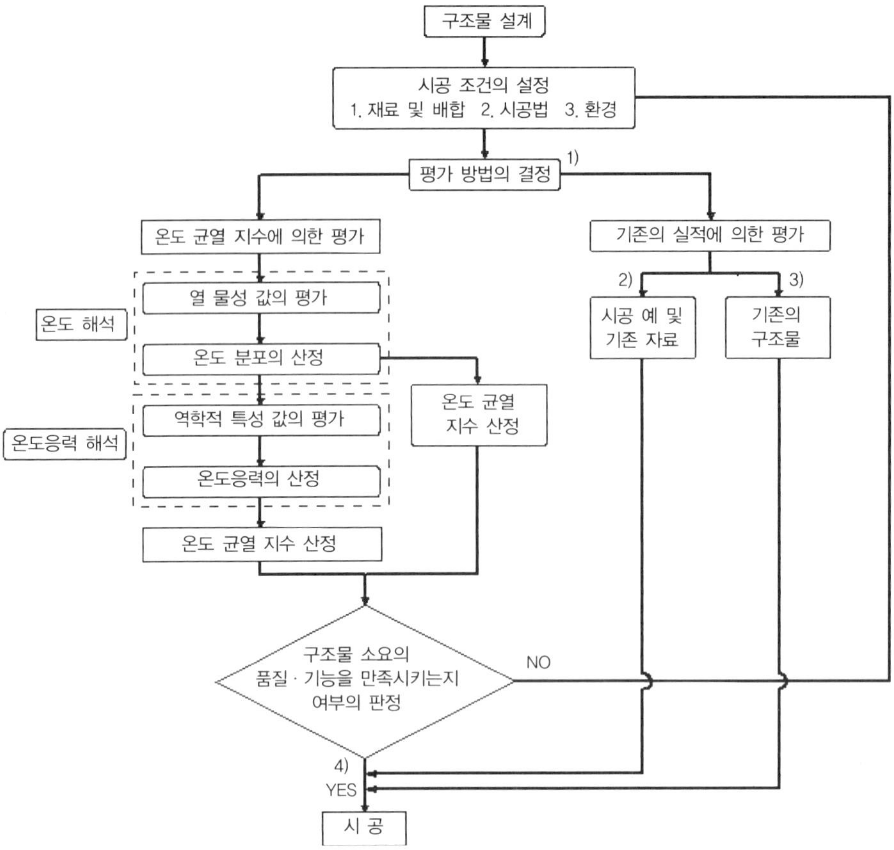

주 1) 검토 대상 구조물이 기존의 실적 범위 내에 있는지 확인

2) 같은 종류의 구조물이 같은 종류의 시공법을 사용하여 문제가 생기지 않았다는 것이 사례로써 알려져 있는 경우

3) 중요도가 낮은 구조물에서 이와 같은 검토가 필요하지 않다는 사실이 지금까지의 경험에 의해 알려져 있는 경우

4) 수축이음을 설치해서 균열 위치를 제어하고 발생된 균열을 보수함으로써 구조물의 소요 기능을 만족시킬 수 있는 경우 포함

그림 7.1 **균열 제어 흐름도**

7.2 혼합

매스 콘크리트는 시멘트양을 제한함으로써 온도 상승을 조절하는 것이 필요하며, 효과적인 매스 콘크리트의 배합에서는 적은 결합재, 모래, 물을 사용하며 사용 재료에 대한 체계적인 품질 관리가 필요하다.

매스 콘크리트에는 얼음, AE제, 감수제, 혼화제, 플라이 애쉬, 포졸란계 혼화재 등이 사용되기 때문에 플랜트에서 신뢰성 있고 정확한 배합이 되는 것이 매우 중요하다.

혼화제는 체적으로 계량하지만 무게로 계량해서 사용해도 된다. 장비는 시각적으로 정밀도를 확인할 수 있어야 한다. 방출 밸브가 열려있는 상태에서도 장비는 혼화제가 섞이는 것을 방지할 수 있어야 한다. 혼화제의 과도한 배합을 막을 수 있는 장치가 필요하다. 특히 AE제와 감수제의 불균질한 배합은 슬럼프와 공기량을 목표한 값을 얻을 수 없다. 몇 가지 액체 혼화제가 사용될 때, 각각의 믹서에서 계량되어야 한다. 또한 저장탱크와 재료 이동라인에 동절기에 대한 대비가 필요하다. 표 7.1은 배합의 계량 오차를 나타낸다.

믹서는 슬럼프가 작은 콘크리트를 신속하게 배출할 수 있고 크기가 큰 굵은 골재를 사용하는 경우에도 배출이 용이하도록 충분한 용량을 가져야 한다. 플랜트 믹서 내에서 콘크리트의 혼합을 완료하도록 하는 중앙혼합 방식에 가경식 믹서를 사용하는 것이 가장 좋다. 트럭믹서는 낮은 슬럼프나 큰 골재가 있는 콘크리트를 혼합하고 배출하는 데 적합하지 않다. 터빈 타입의 믹서는 매스 콘크리트에 80 mm 골재를 사용할 때 이용한다.

처음 1 m^3의 배합 시간은 80 s ~ 90 s이고 이후 추가되는 1 m^3당 20 s ~ 40 s씩 시간을 길게 한다(ACI 304R; ASTM C 94), (USBR 1981). 배합 시간은 믹서의 성능 시험을 통해 범위를 정하여 사용한다. 이 실험의 기준은 ASTM C 94에 제시되어 있다.

혼합중 목표 슬럼프를 맞추기 위하여 믹서 내부의 콘크리트와 부하 상태를 지속적으로 관찰해야 하며 세심한 주의가 필요하다. ACI 311.5R에 플랜트 조사와 품질관리 방법이 나와 있다. 되도록 관리자는 믹서가 보이고 슬럼프를 판단할 수 있는 위치를 지켜야 한다. 슬럼프가 작고 골재의 건조가 원인인 경우 배합수를 추가함으로써 목표 슬럼프를 맞출 수 있다. 이러한 작업을 위하여 믹서 내부를 관찰하며 이전 배합과 차이를 비교해가며 콘크리트를 생산해야 한다. 모래의 함수량 실험으로 적치장에서 믹서로 들어가는 모래의 함수량을 쉽게 비교할 수 있어야 하며 함수율의 변화가 클 때 주의가 필요하다.

표 7.1 계량 오차

재료의 종류	측정 단위	허용 오차(%)
시멘트	질량	± 1
골재	질량 또는 부피	± 3
물	질량	± 1
혼화재[1)]	질량	± 2
혼화제	질량 또는 부피	± 3

주 1) 고로 슬래그 미분말의 계량 오차의 최대 값은 1 퍼센트로 한다.

7.3 타설

일반적으로 타설이란 수평 시공 이음부 준비 및 콘크리트의 운송, 취급, 타설, 다짐을 포함한 일련의 과정을 말한다(ACI 304R; USBR 2001).

매스 콘크리트의 타설 시간 간격은 균열 제어의 관점으로부터 구조물의 형상과 구속 조건에 따라 적절히 정해야 한다. 온도 변화에 의한 응력은 신구 콘크리트의 유효 탄성계수 및 온도 차이가 크면 클수록 커지므로 신구 콘크리트의 타설 시간 간격을 지나치게 길게 하는 일은 피해야 한다.

매스 콘크리트를 몇 개의 블록으로 나누어 타설할 경우, 타설 시간 간격을 너무 짧게 하면 앞서 타설한 콘크리트 블록이 새로 타설한 콘크리트 블록의 온도에 영향을 주고 결국 콘크리트 전체의 온도가 높아져서 균열 발생 가능성이 커질 우려가 있으므로 이를 고려하여 타설 계획을 수립해야 한다.

콘크리트 타설 시간 간격이라 함은 먼저 타설한 콘크리트에 접하여 새로 콘크리트를 타설하는 경우의 시간 간격을 의미한다. 콘크리트 타설 시간 간격은 그 효과가 복잡하게 연관되어 있어 간격이 긴 경우 또는 짧은 경우 어느 쪽이 균열 방지에 유리한지 일괄적으로 말할 수 없으므로 각 공사 사례에 따라 해석 등을 통하여 판단하는 것이 좋다. 매스 콘크리트를 몇 개의 블록으로 나누어 타설할 경우, 새로 타설한 콘크리트 블록은 먼저 타설한 콘크리트 블록의 구속을 받아서 온도 변화에 의한 응력이 발생한다.

매스 콘크리트를 시공할 때에는 사전 검토에 의한 온도 균열 제어 대책의 효과가 얻어지도록, 또한 대량의 콘크리트를 연속적으로 시공하기 위한 모든 조건을 만족하도록 운반, 타설, 양생 등에 대하여 적절한 조치를 취해야 한다.

넓은 면적에 걸쳐 콘크리트를 타설할 경우에는 콜드 조인트가 생기지 않도록 하나의 시공 구간의 면적, 콘크리트의 공급 능력, 이어치기의 허용 시간 등을 고려하여 시공 순서를 정해야 한다. 특히 기온이 높을 경우에는 콜드 조인트가 생기기 쉬우므로 응결 지연제의 사용, 타설 블록 크기의 감소 등의 대책을 고려해야 한다.

매스 콘크리트는 콘크리트를 타설한 후에 침하가 커서 침하 균열이 발생하는 경우도 있으므로 침하의 발생이 우려되는 경우에는 재진동 다짐 등을 실시해야 한다.

매스 콘크리트 시공 시에는 일반적인 경우에 비해 낮은 슬럼프를 갖는 콘크리트를 대량으로 타설하는 경우가 많다. 이 때문에 레디 믹스트 콘크리트 트럭으로 콘크리트를 운반할 때에는 콘크리트를 배출하는 데 오랜 시간을 요하는 수가 있으므로 배차 계획을 면밀히 검토할 필요가 있다.

펌프 압송에 있어서도 낮은 슬럼프에 대한 고려가 필요하며 펌프의 성능, 배관 길이, 배관 지름, 배관 방법 등을 적정하게 평가하여 계획을 세워야 한다. 콘크리트를 타설할 때에는 작업원의 배치, 진동 다짐기 수 등을 콘크리트 타설 속도와 보조를 맞추도록 결정하여야 한다.

콘크리트는 표면이 거의 수평이 되도록 타설하는 것을 원칙으로 하며 충분히 다짐을 실시해야 한다.

한 블록의 시공 면적이 넓은 매스 콘크리트에서는 한 층의 콘크리트를 타설하는 데 많은 시간이 걸리는 경우가 있다. 이와 같은 경우 콜드 조인트가 생기지 않도록 한 블록의 면적, 콘크리트 공급 속도, 콘크리트 연속 타설 허용 시간 등을 고려하여 시공 순서를 정해야 한다.

콘크리트의 이어치기 허용시간은 시멘트의 종류, 혼화제의 종류 및 사용량, 콘크리트의 온도, 외기 온도 등에 따라 다르다.

시공 계획에 있어서 연속 타설 허용 시간이 지켜지지 않을 우려가 있을 때에는 응결 지연제의 사용, 한 층의 타설 높이 제한 등 필요한 대책을 마련해야 한다. 상층의 콘크리트를 다질 때에는 상층 및 하층이 일체가 되도록 다짐기를 하층의 표면에서 0.1 m 깊이까지 찔러 넣어 다져야 한다.

콘크리트를 타설한 후에는 일반적인 콘크리트 공사의 경우와 마찬가지로 여러 가지 기상 조건으로부터 콘크리트를 보호하기 위해 적절한 양생을 실시할 필요가 있다.

매스 콘크리트에서 일반 콘크리트보다 응결 시간을 지연시키는 배합을 만드는 경우 블리딩에 수반되어 콘크리트 타설 후의 침하가 커지는 경향이 있으며, 이로 인해 침하 균열이 생길 수 있음에 주의해야 한다. 이 균열은 다짐 등으로 충분히 처리하지 않으면 수화열에 의한 균열 가능성이 더 커지므로 주의해야 한다.

이미 타설된 콘크리트의 수평 시공 이음부의 접착을 위하여 돌출된 골재나 발자국, 다짐할 때 발생한 구멍, 부적절한 요철 등을 제거한다. 일반적으로 표면을 약간 경사지게 해서 청소할 때 편하게 한다. 다음 단계 콘크리트를 타설하기 전에 표면의 막과 오염을 제거하여 모르타르와 골재의 깨끗한 표면이 노출되도록 한다. 노출이 심한 골재의 제거는 불필요하며 접착강도는 골재가 아니라 시멘트에서 발휘된다. 이음부 전단강도는 접착강도와 내부 마찰에 의해 결정되며 구속 압력과 굵은 골재의 맞물림에 마찰을 발생한다. 이미 타설된 콘크리트 표면의 약 2.5 mm의 입자들을 제거하면 양호한 표면이 된다.

깨끗한 표면을 얻기 위한 가장 좋은 방법은 모래뿜칠이나 고압의 물(41.4 MPa 이상)로 청소하는 것이며 안전에 유의해야 한다. 모래뿜칠은 콘크리트의 양생 일수에 관계없이 청소를 쉽게 할 수 있지만 모래와 장비를 설치하고 제거하는 번거로움이 있다. 고압의 물로 청소하는 방법은 1주일 이상 양생된 콘크리트에는 효과가 떨어진다. 콘크리트가 타설될 때까지 이음부를 청결하게 유지해야 하며 더럽혀질 때에는 모래뿜칠이나 고압수를 이용하여 다시 청소한다.

이음부에 콘크리트를 타설할 때 콘크리트 표면은 건조한 상태여야 한다(USACE, 1959, 1963a; Tynes and McClease, 1973; Neeley and Poole, 1996; Neeley et al., 1998). 시험 결과 이음부가 건조하고 이물질이 없어야 강도와 수밀성에 유리하다. 물이 이음부의 시멘트 페이스트를 희석하거나 약하게 만들어서는 안 되며, 콘크리트를 타설하기 전에 모르타르를 치는 것은 강도나 투수성 측면에서 적절하지 않다. 모르타르 도장은 과거에는 널리 사용되었지만 더 이상 매스 콘크리트 작업에 사용되지 않는다. 다짐을 잘하고 골재 부스러기 등 이물질이 없도록 하는 것이 바람직하다.

매스 콘크리트의 운송과 타설 장비의 선택은 골재 크기에 의해 결정된다. 댐과 같은 매스 콘크리트에는 40 ~ 150 mm의 조약돌이 사용되며, 이는 자중으로 인해 재료 분리가 일어나기 쉬우므로 큰 용량(1.5 ~ 9 m^3)의 버킷을 사용한다. 궤도차, 트럭, 크레인 등의 장비를 이용하여 타설할 때 버킷을 움직인다. 타설 계획에 따른 충분한 배출 성능과 1회 배출량을 확보하는 것이 중요하다. 또한 말뚝 시공할 때에는 중심부와 하부를 충분히 다질 수 있도록 주의하며, 낮은 슬럼프의 적절한 배합의 매스 콘크리트는 타설 과정 중에 침하로 인한 재료 분리가 발생하지 않도록 주의해야 한다.

매스 콘크리트는 덤프 레일카와 트럭으로 운반되고 컨베이어 벨트로 타설될 수도 있다. 많은 경우 컨베이어 벨트가 장착된 크레인으로 매스 콘크리트를 타설하며 굵은 골재가 100 mm 이하일 때 효과적이며 경제성이 있다. 콘크리트를 타설할 때 시공이음을 막기 위해 진동다짐이 필요하다(ACI 304.4R).

대형 건물의 기초와 일체식 콘크리트 구조물은 매스 콘크리트에 해당한다. 40 mm보다 큰 골재나 특수화된 타설 장비는 콘크리트 타설할 때 가용성과 작업성을 저해하기도 한다. 타설할 때 기존의 장비 이외에도 소형 크레인 버킷, 콘크리트 펌프, 컨베이어 등이 이용된다. 타설 장비를 선택할 때 매스 콘크리트는 수화열을 최대한 낮춘 배합이라는 점을 고려하여 타설 성능을 기준으로 선택하고, 타설 용량은 시공이음을 피하고 타설면의 심각한 외기 노출을 피하도록 충분히 커야 한다. 콘크리트 펌핑에 관해서 더 자세한 사항은 ACI 304.2R을 참고하면 된다.

매스 콘크리트는 연속적으로 타설하는 것이 좋으며, 1회 타설 두께는 다짐 성능에 의해 결정하는 것이 바람직하다. 깊이가 다소 얕은 층에도 충분한 다짐이 필요하며 이음부나 모서리 등에 곰보가 발생하지 않도록 주의한다.

타설 단계에서 외기 환경에 영향을 적게 받도록 노출면을 최소화해야 하며, 일부 구조 형식에서는 신구 콘크리트가 일체화가 되도록 진동 다짐할 때 콘크리트 윗면이 처질 수도 있으므로 주의한다.

매스 콘크리트의 타설에 진동 다짐은 필수이며 특히 낮은 슬럼프와 큰 골재를 사용할 때 필요하다(Tuthill, 1953). 비효율적인 장비는 타설 속도를 늦추고 다짐이 부족하여 공사 비용을 증가시키는 요인이 된다. 다짐은 계획하에 각 타설 층의 내부까지 충분히 다져야 하며 콘크리트가 만나는 부분은 다짐이 안 되어 있기 때문에 각별히 주의한다. 진동기는 상하 운동으로 아래층 콘크리트에 50 ~ 100 mm 정도 관입되도록 다진다. 한쪽 거푸집 면에서 다른 쪽 면으로 콘크리트의 결함을 방지하기 위하여 계획적으로 재진동을 가하고, 분리되어 밀집된 굵은 골재들은 추가 콘크리트를 타설하기 전에 분산시키고 콘크리트 표면으로 큰 공기 방울이 올라오지 않을 때까지 진동 다짐한다. 평균 진동 시간은 콘크리트 1 m^3에 80 초 정도면 충분하다. 슬럼프가 낮은 콘크리트를 과하게 진동 다짐하는 것은 바람직하지 않다. 정리 과정을 간소화하기 위하여 제일 윗면의 콘크리트는 진동으로 수평을 맞추고 콘크리트에 진동기를 삽입함으로써 생긴 구멍은 없애며, 큰 골재는 콘크리트에 완전히 잠기게 하고 발자국이 남지 않도록 판자를 얹어 둔다. 매스 콘크리트 타설에는 용량이 크고 효율이 좋은 진동 장비를 사용해야 한다(ACI 309R).

매스 콘크리트를 수중 타설할 때에는 진동다짐을 하지 않는다. 상대적으로 결합재가 많은 배합이나 유동성을 늘리기 위해 골재 크기가 작은 콘크리트는 트레미관이나 펌프 배관으로 타설하는데, 일반적으로 수중불분리제와 감수제를 사용한다. 트레미로 타설한 교각, 감세지, 수중 구조물, 부유식 구조물에 일반적으로 적용된다.

7.4 양생

매스 콘크리트는 물을 이용하여 습윤 양생하는 것이 가장 좋으며, 더운 날씨에는 냉각의 효과도 줄 수 있다. 추운 날씨에는 초기 동결로부터 보호하기 위해 콘크리트 건조를 막기 위한 최소한의 습윤 양생만 필요하다. 그러나 콘크리트가 동결할 수 있는 조건에 노출되었을 때에는 과도한 습윤 양생을 실시하면 안 된다. 동결 온도 이상의 날씨에서는 콘크리트 표면이 건조되기 쉬울 경우 매스 콘크리트는 최소한 14일 이상 습윤 양생을 행해야 하고, 시멘트 결합재로써 포졸란 재료가 사용되었을 경우에는 습윤 양생 기간을 위 기간의 두 배로 늘려야 한다. 추운 날씨에서 보온이 필요한 경우를 제외하고는 수평 시공 이음면은 습윤 양생이 냉각의 효과를 더 이상 주지 못할 때까지 습윤 상태를 유지해야 한다. 새로운 콘크리트를 타설하기 전에는 이음면을 습윤하지만 물이 없고 깨끗하게 하는 것이 바람직하다. 액막 양생 합성제를 이용한 양생은 매스 콘크리트의 양생 방법으로는 최선은 아니지만, 기온이 동결 온도 이하이거나 작업에 방해가 되어 습윤 양생을 실시할 수 없을 때 적용 가능하다. 액막 양생 합성제가 시공 이음에 사용되었을 경우 부착 성능 저하를 방지하기 위해 모래분사나 물분사법에 의하여 완벽하게 액막 양생 합성제를 제거해야 한다.

7.5 거푸집

매스 콘크리트의 거푸집은 기본적으로 강도, 수밀성, 위치 정확성 및 표면 상태에 대하여 요구 사항을 만족해야 한다(Hurd, 1995). 매스 콘크리트의 거푸집 작업은 각 리프트에 대한 요구 높이가 상대적으로 낮으므로 다른 거푸집 작업과는 다소 차이가 있다. 매스 콘크리트의 낮은 슬럼프에도 불구하고 저온의 콘크리트를 타설하고, 거푸집 근처에서 많은 양의 콘크리트를 타설할 때의 충격 때문에 거푸집에 걸리는 압력이 증가하게 된다. 거푸집에 걸리는 압력은 타설 공법과 거푸집 부근에서 타설하는 방법에 의해 좌우된다. 이러한 이유로, 매스 콘크리트의 거푸집을 설계할 때 등가 정수압에 25 퍼센트를 추가하여 설계하는 것을 권장한다.

기존에는 거푸집 긴결재와 가새를 이용하여 거푸집을 지탱하였다. 그러나 최근 큰 공사에서는 타설 층 아래쪽으로 단단히 고정된 캔틸레버식 연결재를 이용하여 거푸집을 지지한다. 초기 콘크리트의 강도가 낮을 때에는 거푸집 긴결재를 추가적으로 설치할 수도 있다. 캔틸레버식 거푸집은 유압, 에어 또는 전기식 재킹 장치를 이용하여 올린다. 거푸집을 제거할 때 초기 저강도에서 앵커 볼트 주변의 콘크리트가 깨지지 않도록 주의해야 하는데, 그 이유는 이 볼트가 다음 거푸집을 설치할 때 수평 지지력을 주는 데 이용되기 때문이다.

버킷을 이용한 타설을 용이하게 하기 위해서는 콘크리트 버킷이 잘 지나다닐 수 있도록 서로 간격이 넓게 배치되고 지름이 크고 인장강도가 높은 긴결재가 사용되어야 한다. 모서리가 깨지는 것을 방지하고 외관상 보기 좋게 하기 위해 시공 이음부 윗부분과 아랫부분의 거푸집 모서리는 25 mm 혹은 그 이상을 면취해야 한다. 그렇게 하지 않을 경우 블록의 날카로운 모서리가 손상이 되기 쉽고, 이는 효과적으로 보수할 수도 없다. 이러한 면취 작업은 높은 표면 온도에 의해 이음부 모서리에 펀칭이나 박락이 일어나는 것을 방지해 주기도 한다.

경사진 거푸집을 사용할 때에는 콘크리트를 잘 타설하고 다질 수 있을 정도로 버킷을 접근시키기 어렵기 때문에 거푸집을 시공 이음까지 연장하기도 한다. 이러한 거푸집은 경첩이 달려 있어서 콘크리트가 경첩 부분까지 타설되어 올라올 때까지 위의 반 정도 부분은 수직하게 있다가 그 후에 원래 위치로 낮아져서 콘크리트 타설이 계속 진행된다. 경사진 거푸집은 바깥쪽으로 작용하는 압력을 거의 받지 않으나 정착부에서는 상향 압력을 고려해야 한다.

중력식 댐의 여수로 부분 거푸집 작업에서는 일반적으로 댐마루의 경사 구간과 곡선 구간, 버킷에서 문제가 있을 수 있다. 이 경사도는 일반적인 고정된 거푸집이 사용되는 곳에서는 수평/수직 비가 대략 1.5 정도 된다. 곡선면, 경사면은 효과적으로 모양을 잡고 콘크리트는 임시 고정 거푸집을 이용하여 철저하게 다짐을 한다. 흠손 없이 작업을 할 때에는 매스 콘크리트 면의 배합에서는 여수로 면에서 내구성 확보를 위한 배합의 요구 사항이 없으면 가능한 한 작은 크기의 골재를 사용하며 콘크리트를 진동 다짐을 통해 잘 다지고 정확한 모양으로 잘 마감하도록 한다.

거푸집의 탈형은 소요의 강도가 발휘된 이후에 실시한다. 일본 콘크리트 표준시방서 댐 콘크리트 편 해설에 의하면 거푸집 탈형강도가 3.5 MPa로 명기되어 있다.

7.6 타설 높이 및 타설 간격

시공의 관점에서 볼 때, 타설 층의 높이가 커질수록 시공 이음의 개수가 줄어든다. 타설 층의 높이가 2.3 m 되면 타설 층이 1.5 m일 때와 비교하여 시공 이음의 개수는 2/3로 줄어든다. 추운 날씨에서 경화하는 콘크리트 온도에 대한 과거 경험들에 의하면, 타설 층의 높이가 낮을수록 전체 수화열 중에 다음 층 타설 전에 빠져나가는 수화열의 비율이 높아진다. 더운 날씨에서 빈배합을 사용하고 프리 쿨링을 하면 그 반대도 성립할 수는 있다.

한 층의 두께가 3 m 이상이 되면 전체 깊이에서 발생하는 총 수화열 중 윗면으로 빠져나가는 열의 비율이 줄어들게 된다. 그래서 한 층의 두께가 매우 두꺼울 경우 콘크리트에 의해 내부 온도가 올라가는 데에 있어서 각 층 타설 사이의 시간 간격은 크게 영향을 미치지 않는다. 이러한 극단적인 상황에서는 이음부 처리를 최소화하고, 균열 발생을 억제하며, 미끄럼 거푸집을 사용할 수 있게 하기 위해 두께가 높은 층을 연속적으로 타설하는 것이 더 나을 수 있다.

댐 시공에서와 같이 큰 블록에서는 추운 날씨에 타설 층 표면에서 열이 빠져나가도 장

기간에 걸친 노출은 피하는 것이 바람직하다. 외기 온도가 바뀌는 상황에서 타설 층 표면이 장기간 노출되면 균열이 발생할 수도 있다. 이는 균열 제어 측면에서 바람직하지 않으며, 가장 좋은 시공 방법은 각 블록을 규칙적으로 타설하고 각 타설 시간 간격을 최소화하며 인접한 블록 사이의 타설 높이를 최대한 비슷하게 하는 것이다.

타설 높이와 타설 빈도는 설계도와 시방서에 나타나 있어야 한다. 주요 영향인자는 매스 구조물의 크기와 종류, 콘크리트의 특성, 단위 시멘트양, 기후, 시공 일정, 그 외 온도 제어 방법 등이 있을 수 있다. 타설 높이는 기초 바로 위에 여러 층을 타설한다고 할 때 여러 중력댐의 경우 0.75 m에서 1.5 ~ 2.3 m 정도이며, 아치댐이나 피어, 교대의 경우 0.75 m에서 3 m 혹은 그 이상이 될 수도 있다.

타설 층의 높이가 극단적으로 높은 경우는 캐나다에서 1950년대와 1960년대에 영하의 추운 날씨에서 시공되는 댐의 누수를 줄이고 균열 발생을 최소화하기 위해 이용된 사례가 있는데, 이 방법은 일반적이지는 않으며, 나무나 단열재를 재료로 한 거푸집과 증기열을 이용하여 15 m의 높이까지 연속적으로 타설할 수 있다. 이러한 타설 조건에서는 콘크리트의 단열 상승 온도와 최대 온도가 떨어져서 유지되는 온도가 대략 비슷하게 된다. 균열을 제어하기 위해서 대부분의 설계기준은 온도 강하의 최대 값을 14 ~ 19 ℃로 제한한다.

설계 요구 사항은 이러한 조건에서 배합비 조정을 통해 온도 상승을 제어함으로써 충족할 수 있다. 따뜻한 기후 속에서 시멘트양을 최소화하고 10 ℃의 선행 냉각을 적용한 매스 콘크리트를 사용함으로써 2.3 m 혹은 3 m의 타설 층을 여러 댐 공사의 시방서에서 허용한 이유가 되기도 한다.

7.7 냉각 및 온도 제어

최근 매스 콘크리트의 타설 전에 선행 냉각을 하는 것이 일반적이다. 더운 여름에도 7 ℃ 이하의 콘크리트를 생산하는 것이 가능해졌는데, 배합수 대신 잘게 부순 얼음을 사용하고 습한 골재를 그늘지게 하는 간단한 방법을 통해 다소 더운 여름에도 콘크리트 타설 온도를 10 ℃까지 떨어뜨릴 수 있다. 배합수 대신 가능한 많은 얼음을 사용하기 위하여 잔골재의 함수율은 5 퍼센트 이하이어야 한다. 철로 만든 골재 보관 창고와 골재 더미는 그림 7.2와 같이 그늘지도록 한다. 골재를 냉각시키기 위해서는 진공 증기 처리를 하거나 차가운 물속에 담가 놓거나 차가운 공기를 순환시키고 액화 질소를 이용하기도 한다(ACI 207.1R).

그림 7.2 **골재 저장 설비**

그림 7.3 **굵은 골재의 선행 냉각**

그림 7.3은 배치 플랜트 저장소에 굵은 골재를 넣기 직전에 차가운 물을 뿌려 침수시켜 냉각시키는 것을 보여주고 있다. 낮은 타설 온도의 장점을 극대화시키기 위해서는 콘크리트의 온도가 상승하는 것을 줄이고, 나중에 외기 온도가 상대적으로 낮을 때 온도 차이에 의해서 콘크리트 표면에 균열을 발생시키는 것을 막기 위해 콘크리트 타설 후 초기에 외기의 높은 온도로부터 보호되어야 한다(ACI 207.1R).

더운 날씨에 타설을 할 경우에는 밤에 타설하여 콘크리트에 흡수되는 열을 최소화하기도 하고 노출되는 면적을 최소화시켜야 하며, 햇빛 아래에서 타설을 하게 되는 경우에는 안개 스프레이를 사용하는 것이 바람직하다.

철제 거푸집 사용, 그늘막 사용 및 습윤 양생을 해주는 등 양생 기간 동안 열 발생을 억제하고, 경화하고 있는 콘크리트를 냉각시키기 위해 여러 조치를 취할 수 있으며 파이프 쿨링을 이용하여 콘크리트 온도 상승을 제어할 수도 있다. 또한 댐에서 주입 이음이 필요할 때 필요한 수축 이음을 최소화하기 위한 파이프 쿨링을 고려할 수도 있다(ACI 207.4R).

7.8 계측

데이터를 수집하고 전달하고 처리하는 시공 프로세스의 목적은 구조물의 안전성과 관련하여 보수 작업 자료에 대한 정확하고 시의적절한 평가를 얻기 위함이다. 신빙성 있는 데이터를 얻기 위해서는 중요한 모든 데이터를 확인할 수 있도록 충분한 계측 장비를 설치해야 한다. 데이터 분석을 용이하게 하기 위해서는 두 가지 이상의 계측 장비를 사용해야 하는 경우도 있다.

매스 콘크리트를 설계하고 시공함에 있어서 구조물의 안전성에 대하여 의문 사항이 생길 수 있는 경우에는 계측이 반드시 포함되어야 한다. 계측 결과의 정확한 평가를 위해서는 실험 및 연구를 통하여 실제 공사에 쓰일 콘크리트의 재령에 따른 특성을 결정하는 것이 필요하다. 매스 콘크리트 댐이나 그 외 매스 구조물에서 관측되는 요소로는 구조물의 변위, 변형, 침하, 침투, 누출, 기초 부분에서의 수압 및 구조물에서의 양력 등이 있다.

일반적으로 현장에서 사용할 수 있는 계측 장비로는 정수압 측정 기기, 압력 또는 응력 측정 기기, 유량 측정 기기, 내부 및 표면 변위 측정 기기, 진동 측정 기기이다. 계측 시스템은 계측 데이터의 자동 수집, 데이터에 대한 원격 측정 등 구조물 성능의 실시간 관측을 위한 설비가 구축되어 있어야 한다. 콘크리트 댐의 계측에 대한 여러 매뉴얼이 있다(USACE, 1980, 1985; USSD, 2002; U. S. Bureau of Reclamation, 1987).

굳지 않은 콘크리트 속에 매립하는 계측 기기들은 상대적으로 사용 상태하에서 내구성이 좋고 안정적으로 초기화를 할 수 있으며, 눈금을 잘 유지하고 장기 계측에 대해서도 신뢰할 수 있어야 한다. 매스 콘크리트 구조물의 성능을 정확하게 모니터링하기 위해서는 장기간에 걸쳐서 계측을 하는 것이 필요하다. 모니터링 장비는 가능한 한 간편하고 튼튼하고 내구력이 뛰어나야 하며 동작하기에 좋은 조건이 유지되어야 한다. 계측 기기는 굳지 않은 콘크리트에 매립해도 괜찮을 만큼 튼튼해야 한다. 굳지 않은 콘크리트 내의 스트레인 게이지의 길이는 최소한 최대 골재 사이즈의 3배 이상이 되어야 하며, 전자 부품으로 구성되어 있으므로 모든 부품들은 방수뿐만 아니라 콘크리트 내의 알칼리에 저항할 수 있어야 한다. 정확한 작동 특성을 유지해야 하므로 여러 가지 문제가 따를 수 있다. 단순한 표면 수준점이 동결 작용이나 교통, 유지 보수 작업 혹은 고의적인 훼손 등에 의해 손상될 수도 있으며, 관측정이나 피에조미터도 동결 작용이나 함몰, 케이싱 재료의 부식, 구멍 속으로 기기의 분실, 구멍에 고의적으로 돌을 떨어뜨리는 것 등에 의하여 손상될 수 있다. 각별히 주의를 기울이지 않으면 이러한 종류의 계측기의 수명은 현저히 줄어들게 된다.

위와 같은 손상을 최소화하기 위하여 계측점의 상단 부분이나 관측정에는 캡을 씌워야 하고, 잠겨 있어야 하며, 가능하면 눈에 띄지 않고 주위가 밀봉되어져 있어야 한다. 계측기 도로나 철로, 수로의 바로 가까운 곳에 설치하면 안 되고, 가능한 곳은 모두 부식하지 않은 재료로 만들어야 한다.

콘크리트 표면에는 표면에 설치된 계측기로부터 측정한 응력이나 변형률, 무의미할 정도로 과도한 응력이나 균열이 생길 수 있다. 변형률과 응력에 대한 정확한 계측을 위해서는 일일 온도 변화의 영향을 피할 수 있도록 계측기를 표면에서 멀리 떨어진 곳에 매립해야 한다. 매립된 계측기로의 접속은 보통 케이블을 연결하여 댐 갤러리나 매스 콘크리트 구조물의 표면에 위치한 관측소에서 실시한다. 어떤 특정 종류의 피에조미터 배관을 사용할 때, 그 시스템의 물에 생물반응 억제 처리가 되지 않으면 그 배관 속에는 그곳에서 살고 번식할 수 있는 미생물이 존재하게 된다. 미리 넣어둔 부동액 용액에 의해 배관이 막히는 원인이 되는 침전물이 생길 수도 있고, 특정 환경에서 게이지의 재료가 부식되어 쓸모없게 될 수도 있으므로 계측기의 설치 및 유지 관리에 대한 면밀한 계획을 수립하여 계측하여야 한다(ACI 207.1R).

7.9 신축이음 처리

최근 수십 년간 대부분 중력식 댐의 횡방향 수축줄눈에는 주입 공법을 사용하지 않고 있다. 수직 배수에 의해 물의 흐름을 막는 상류의 지수판은 명백한 누출을 막아주므로 횡방향 응력이 작용하지 않기 때문에 주입 채움은 필요가 없고 비용을 절약할 수 있다고 여겨졌다. 그러나 최근 수축줄눈과 평행한 횡방향 균열의 출현이 중력식 댐 수축줄눈에의 주입 공법을 재고하도록 하였다. 중간에 발생하는 균열은 상류면에서 시작하여 낮은 온도와 깊은 저수통의 높은 수압에 의해 댐으로 전파되고 때로는 댐을 관통하기도 한다. 이러한 낮은 온도는 균열이 발생한 부분의 내부 콘크리트를 냉각시키고 나아가 균열이 더 진전되게 한다.

횡방향 균열은 가능하면 저수통을 채우기 전에 보수해야 한다. 횡방향 균열에 주입재를 채우면 상류면에 있는 표면 균열이 전파되거나 더 벌어지는 것을 효과적으로 막을 수 있다. 실험 조건하에서는 더 좁은 균열폭에도 주입 공법의 적용이 가능하지만, 수축줄눈에 주입을 해야 하는 곳에는 줄눈 부분이 최소 1 mm 이상이 되어 확실한 주입을 할 수 있도록 선행 냉각과 관로식냉각 프로그램이 준비되어야 한다. 틈 부분의 폭이 최대가 되었을 때에는 한두 번의 주입만 하면 되고, 관로식냉각을 할 수 없을 때나 아직 틈이 최대가 되지 않았을 때 첫 번째 주입을 하는 경우 여러 번 주입을 할 수 있도록 주입 시스템을 설계할 수 있다. Warner(2004)는 수축줄눈에 대한 주입 시스템과 주입 공정에 대하여 기술하였고, Silveira(1982)는 파이핑 시스템의 재사용을 가능하게 하는 주입 시스템에 대하여 기술하였다. 이음부의 폭을 정확하게 측정할 수 있는 유일한 방법은 이음부를 가로지르는 계측기를 매설하는 것이다(ACI 207.1R).

08 장

냉각 및 단열 시스템

8.1 역사적 고찰

최초의 관로식냉각 방식은 1930년대의 후버(Hoover) 댐 건설에 적용되었다. 그때의 주된 목적은 콘크리트의 냉각을 가속화시켜 수축 줄눈을 그라우트로 채우는 작업을 조속히 실시하기 위함이었다. 따라서 관로식냉각이 실시된 시점도 콘크리트 타설 후 몇 주가 지나서였다. 그 뒤 관로식냉각의 적용이 확대되면서 타설 직후부터 곧바로 관로식냉각을 실시하는 것이 일반화되었다. 1940년대 폰타나(Fontana) 댐에서 적용한 관로식냉각의 목적은 수화열에 의한 온도 상승을 최소화하여 외부 구속 균열을 줄이고, 상기와 동일한 목적으로 콘크리트 냉각을 가속화하는 것이었다. 이때 관의 간격과 타설 층의 높이는 모든 계절에 있어 타설 층 중심부의 온도가 목적한 값 이하가 되도록 조절하였다. 1960년대에는 온도 계측 결과에 따라 관로식냉각을 시작했다가 중단하고 재개하는 기법이 적용되기도 하였다. 한 예로, 관 주변의 콘크리트 온도가 최대 값을 지나 저하되는 시점에서 관로식냉각을 중단했다가 다시 콘크리트 온도가 상승하기 시작할 때 관로식냉각을 재개하여 적절한 온도 저하를 유도한 사례가 있다.

일반적인 방식 또는 롤러다짐 방식으로 시공되는 아치댐에서는 이러한 관로식냉각 방식이 빈번히 사용되고 있다. 몇몇 아치댐에서는 폴리에틸렌 관이 성공적으로 사용되기도 하였다.

선행 냉각을 실시한 첫 사례는 1941~1945년의 노포크(Norfork) 댐이며 배합수의 일부를 얼음 덩어리로 치환하여 배합 온도를 6℃ 정도 저감하였다. 최근에는 액체 질소로부터 얻어진 저온의 질소 가스를 믹서에 주입하는 방식도 사용되고 있지만 고가이므로 경제성이 고려되어야 한다. 질소 가스는 배처플랜트의 믹서가 아닌 골재의 컨베이어나 믹서 트럭에도 주입될 수 있으나 이때에는 효율성이 다소 떨어진다. 질소 가스가 주변으로 유실되지 않도록 냉각 공간을 적절히 차단해야 냉각 효율성을 높일 수 있다. 그 외에 얼음, 냉각수, 액체 질소, 골재 냉각 기법 등을 적절히 조합할 수도 있다. 겨울에 생산된 골재를 적절히 야적해 놓을 경우 여름까지 비교적 낮은 온도를 유지하는 경우도 많아 자연적인 선행 냉각 효과를 거둘 수 있다. 물론 선행 냉각과 관로식냉각을 조합하는 방식도 빈번히 사용되어 왔다.

노출된 콘크리트 표면을 단열에 가까운 상태로 보온하여 표면의 급속한 냉각 및 이로 인해 유발되는 표면의 균열을 방지 또는 저감하는 방식은 1950년 이후 사용되어 왔다. 권장할 만한 표면 단열 또는 표면 보온 방법은 여러 겹의 양생포를 덮는 것으로서, 양생포를 단계적으로 제거해 감으로써 균열을 최소화하면서 콘크리트 표면 온도를 외기 온도에 가깝게 서서히 저하시킬 수 있다. 특히 외기 온도가 낮을 때 모든 양생포를 한꺼번에 제거하는 것은 균열을 유발할 가능성이 크다.

이상에서 언급한 온도 제어 방법은 콘크리트 중력식 댐, 아치댐, 원자력발전소 격납 건물, 발전소, 기초, 매트 기초, 교각 등과 같은 매스 콘크리트 구조물에 폭넓게 적용될 수 있다. 하지만 구조물의 크기가 다소 작더라도 수화열에 의한 콘크리트의 부피 변화가 균열을 유발할 가능성이 있는 구조물에는 모두 적용할 수 있다.

8.2 선행 냉각(Precooling) 시스템

매스 콘크리트의 배합 온도는 온도 균열을 제어하기 위한 관점에서 가능한 한 낮게 해야 한다. 물, 골재 등의 재료를 미리 냉각시키는 선행 냉각 방법으로 콘크리트 배합 온도를 낮출 수 있으며, 이를 위해서는 냉수나 얼음을 따로따로 혹은 조합해서 사용하는 방법, 냉각한 골재를 사용하는 방법, 액체 질소를 사용하는 방법 등이 있다. 선행 냉각 방법을 통하여 구조물 내·외부의 온도차를 저감시켜 구조물 표면에서 발생하는 내부 구속 응력 및 균열을 저감시킬 수 있다. 또한 선행 냉각은 수화 발열에 의한 구조물 내부의 최대 온

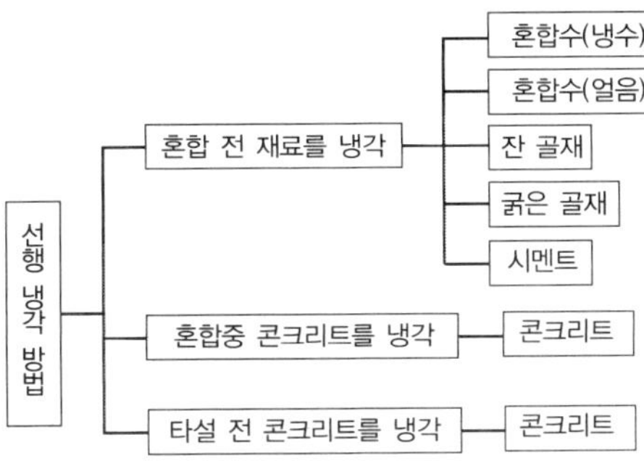

그림 8.1 **선행 냉각 방법**

도를 저감시키는 효과도 있으므로 최대 온도가 외기 온도까지 저하되면서 발현되는 외부 구속 응력 및 균열도 저감시킬 수 있다. 그림 8.1은 선행 냉각 방법을 적용할 수 있는 시기 및 방법을 구분하여 보여주고 있다.

8.2.1 개요

선행 냉각은 크게 다음과 같은 원리를 통해 수화열에 의한 균열의 저감에 기여한다. 외부 구속이 있는 경우를 고려할 때 콘크리트 타설 후 초기 중심부 온도가 최대 값에 도달하기 이전에 콘크리트에 도입되는 압축응력은 그리 크지 않은데, 이는 콘크리트의 초기 재령에서는 탄성계수가 작고 크리프(Creep) 또는 응력 이완이 많이 일어나기 때문이다. 이러한 상황하에서는 주로 중심부 온도가 최대 값에 도달한 이후 인장응력이 발현되기 시작한다고 볼 수 있다. 콘크리트의 온도는 결국 외기 온도까지 저하되므로 상기의 가정하에 콘크리트의 수화열 및 외부 구속에 의한 균열을 제한할 수 있는 콘크리트 타설할 때 배합 온도를 식 (8.1)과 같이 세워볼 수 있다.

$$T_i = T_f + \frac{100 \times C}{e_t \times R} - \Delta t \tag{8.1}$$

여기서, T_i : 콘크리트 배합 온도

T_f : 최종적인 콘크리트 온도(=외기 온도)

C : 한계 인장변형률(주어진 자료가 없을 때에는 100×10^{-6}으로 가정)

e_t : 열팽창계수(주어진 자료가 없을 때에는 1×10^{-5}으로 가정)

R : 외부 구속도(%)

Δt : 배합 온도와 중심부 최대 상승 온도와의 차

식 (8.1)에서 요구되는 배합 온도를 확보하기 위해서는 때로 선행 냉각 기법이 요구될 수 있다. 물론 외부 구속부에서 초기에 도입될 수 있는 압축응력을 완전히 무시하는 식 (8.1)은 매우 보수적인, 즉 실제로 요구되는 온도 이하로 낮은 콘크리트 배합 온도를 산출할 수 있다. 그러나 선행 냉각을 위해서는 추가의 비용이 소요되므로 비록 선행 냉각 없이는 균열이 발생할 것으로 예상되더라도 선행 냉각보다 균열 보수에 소요되는 비용이 더 작게 되는 경우 의도적으로 선행 냉각을 실시하지 않을 수도 있다. 이는 특히 철근이 충분히 배근되어 균열이 어느 정도 제어될 수 있는 구조물에서 가능한 방안이다.

8.2.2 배합 온도 계산

1) 열용량

열용량은 어떠한 물질의 단위 질량의 온도를 단위 온도만큼 올리는 데 필요한 열량을 의미하며 비열과 같은 의미이다. 콘크리트의 비열은 0.963 kJ/kg·K 정도이며, 이는 시멘트나 골재의 비열인 0.67 kJ/kg·K와 물의 비열인 4.18 kJ/kg·K가 함께 고려된 결과이다. 혼합된 콘크리트 배합의 온도는 각 구성 요소의 온도, 비열, 배합비의 영향을 받는다. 콘크리트 배합에서는 골재가 차지하는 비중이 가장 크기 때문에 배합 온도에 가장 큰 영향을 미치는 요인은 얼음을 사용하는 경우를 제외하면 골재 온도의 변화이다.

배합 온도 계산할 경우의 편의를 위해 표 8.1과 같이 각 구성 요소에 대한 등가의 배합 수량을 계산해 볼 수 있다. 이에 의하면 온도를 1 ℃ 만큼 올리거나 내리는 데 있어 콘크리트 1 m^3와 물 555 kg은 같은 열량을 필요로 한다.

표 8.1 1 m^3의 콘크리트의 등가 배합 수량

구성 요소	중 량 [1] (kg)	비 열 [2] (kJ/kg · K)	[3]=[1]×[2] (kJ/K)	등가 배합 수량 [3]/(4.18 kJ/kg · K) (kg)
굵은 골재	1672	0.75	1254	300
굵은 골재의 표면수(1 %)	17	4.18	71	17
잔 골재	528	0.75	396	95
잔 골재의 표면수(5 %)	26	4.18	109	26
시멘트	117	0.88	103	25
플라이 애쉬	50	0.84	42	10
배합수	82	4.18	343	82
총 량	2492	–	2318	555

2) 냉각 관련 계산

예를 들어 수화열을 적절히 제어할 수 있는 배합 온도가 10 ℃라고 한다면 표 8.1과 동일한 배합에서 각 구성 요소들의 가정된 온도에 대해 표 8.2와 같이 냉각을 통해 낮추어야 할 열량이 계산된다. 이에 의하면 콘크리트 배합 온도를 10 ℃로 낮추기 위해 저감해야 할 열량은 34,905 kJ로 계산된다.

참고로 각 구성 요소들을 초기 온도 그대로 배합하면 배합 온도는 다음과 같이 계산된다.

$$10℃ + \frac{34,905\ \text{kJ}}{2318\ \text{kJ/K}} = 10℃ + 15℃ = 25℃$$

이러한 배합 온도는 표 8.1 및 표 8.2를 참조하여 다음과 같은 수식으로 표현할 수도 있다. 단, 물의 경우 배합수 및 골재의 표면수를 별도로 고려해야 한다. 식 (8.2)에 의하면 배합별로 차이는 있지만 각 재료의 초기 온도가 혼합 후 콘크리트 배합 온도에 미치는 영향은 대략 골재는 ±2 ℃에 대해 ±1 ℃, 물은 ±4 ℃에 대해 ±1 ℃, 시멘트는 ±8 ℃에 대해 ±1 ℃ 정도이다.

표 8.2 1 m^3의 콘크리트의 냉각 관련 계산(표 8.1 참조)

구성 요소	초기 온도 (℃)	10 ℃로 낮추기 위한 온도 저감량 [1] (℃)	등가 배합 수량 [2] (kg)	10 ℃로 낮추기 위한 열량 저감량 [1]×[2]×4.18 kJ/kg · K (kJ)
굵은 골재 (표면수 포함)	24	14	317	18,551
잔 골재 (표면수 포함)	23	13	121	6575
시멘트	49	39	25	4076
플라이 애쉬	23	13	10	543
배합수	21	11	82	3770
혼합할 때 추가되는 열량(가정)				1390
총 량			555	34,905

$$T = \frac{T_a C_a W_a + T_s C_s W_s + T_c C_c W_c + T_f C_f W_f + T_w C_w W_w + H_m}{C_a W_a + C_s W_s + C_c W_c + C_f W_f + C_w W_w} \tag{8.2}$$

여기서,

T : 콘크리트의 배합 온도

C_a, C_s, C_c, C_f, C_w : 각각 굵은 골재, 잔 골재, 시멘트, 플라이 애쉬(또는 기타 혼화 재료), 물의 비열

W_a, W_s, W_c, W_f, W_w : 각각 굵은 골재, 잔 골재, 시멘트, 플라이 애쉬(또는 기타 혼화 재료), 물의 질량

T_a, T_s, T_c, T_f, T_w : 각각 굵은 골재, 잔 골재, 시멘트, 플라이 애쉬(또는 기타 혼화 재료), 물의 온도

H_m : 혼합할 때 추가되는 열량

3) 콘크리트 구성 요소의 선행 냉각 방법

콘크리트 구성 요소의 선행 냉각 방법 및 각 방법에 대한 논의 사항은 다음과 같다. 일반적으로 몇 가지 선행 냉각 방법을 병용해야 하는 경우가 많다.

- 배합수를 냉각하거나 배합수에 얼음을 첨가할 수 있으며, 두 가지 방법이 동시에 적용될 수도 있다. 단, 얼음으로 배합수 일부를 치환할 경우에도 혼화제를 비롯한 배합 구성 요소들이 일정 시간 내에 충분히 혼합되게 하기 위해서는 적절한 양의 배합수를 유지해야 한다. 단, 이러한 방법에도 불구하고 배합수 중 골재의 표면수는 골재의 온도를 그대로 따르게 된다.
- 골재를 그늘에서 저장한다. 또한 낮은 외기 온도에서 생산된 골재를 대규모로 야적하면 골재 더미의 중심부는 낮은 온도를 유지할 수 있다. 또한 잔 골재의 세척 과정에서 냉각수를 사용하여 잔 골재를 냉각할 수 있다. 일반적으로 굵은 골재는 배합에서 가장 많은 비중을 차지하므로 냉각에 따른 효율도 가장 크다. 증발열을 이용하기 위해 골재 더미에 살수하는 방법, 골재 운반 컨베이어에 냉각수를 뿌리는 방법, 냉각수 탱크에 골재를 침지시키는 방법, 냉각된 공기를 골재 사일로에 순환시키는 방법 등도 있다.
- 질소 가스를 믹서기에 주입하거나 골재를 냉각하는 데 사용하는 방법이 있다.

8.2.3 배합수

골재의 표면 수량은 배합 비율 산정할 때뿐만 아니라 엄밀히 말해 표 8.1과 같이 배합 온도 계산할 때에도 고려되어야 한다. 배합수가 배합에서 차지하는 비율이 크지는 않으므로 배합수에 얼음을 섞는 조치만으로는 부족한 경우가 많다.

1) 냉각수

칠러(Chiller)를 사용하여 배합수를 냉각하는 방식이다. 물의 비열이 의미하는 바와 같이 1 kg의 물 온도를 1 ℃ 올리거나 내릴 때 4.18 kJ의 열량의 출입이 필요하다. 칠러는 얼음을 생산하여 사용하는 경우보다 절차가 덜 복잡한 장점이 있다. 대부분의 경우 냉각수의 사용은 다른 선행 냉각 또는 관로식냉각 방법의 사용 여부와 관계없이 기본적으로 적용되는 방법이다. 냉각수의 온도는 2 ℃ 또는 그 이하를 목표하는 것이 권장된다. 예를 들어 표 8.1과 표 8.2에서 배합수 온도를 21 ℃에서 2 ℃로 낮출 경우 배합 온도를 약 3 ℃ 정도 낮추는 효과가 있는데 이에 대한 계산 근거는 다음과 같다. 여기에서 82 kg은 배합 수량, 555 kg은 전체 배합의 등가 배합 수량이다.

$$\frac{82\,\mathrm{kg}\times(21-2)℃}{555\,\mathrm{kg}}=2.8℃$$

2) 얼음의 사용

같은 0 ℃에서 1 kg의 얼음이 물로 변환되면서 흡수하는 융해열은 334 kJ이다. 이러한 융해열의 효과에 의해 얼음을 사용하는 것은 가장 기본적이면서도 효율적인 선행 냉각 방법이 된다. 초기에는 분쇄된 얼음 덩어리를 사용하였으나 최근에는 더 빨리 녹는 장점으로 인해 얼음 박편(Flake)을 더 많이 사용하고 있으며, 대량으로 얼음을 생산하는 아이스 플랜트를 설치하는 것이 비경제적인 소규모 프로젝트의 경우 상업용 얼음을 구입하여 분쇄 또는 깎아내어 사용할 수도 있다. 혼합이 종료되기 이전에 모든 얼음이 녹아야 하며, 이를 위하여 충분한 혼합 시간을 갖도록 해야 한다. 원활한 혼합을 고려할 때 만약 골재가 건조할 경우에는 배합수의 3/4 이상을 얼음으로 치환하기 어렵다. 골재에 표면수가 어느 정도 포함된 경우에는 혼화제가 효과적으로 분산되어 섞일 수 있는 정도의 배합수를 제외한 나머지 배합수는 얼음으로 치환할 수도 있다. 표 8.1 및 표 8.2의 예제에서 배합수 전체를 얼음으로 치환할 경우 약 12 ℃의 온도 저감 효과가 있으며 계산 근거는 다음과 같다.

$$\frac{82\ \text{kg}}{555\ \text{kg}} \times \frac{334\ \text{kJ/kg}}{4.18\ \text{kJ/kg·K}} = \frac{82\ \text{kg}}{555\ \text{kg}} \times 79.9℃ = 11.8℃$$

8.2.4 골재 냉각

비록 골재의 비열은 콘크리트 배합의 다른 구성 요소의 비열보다 작지만 골재가 배합에서 차지하는 비율은 가장 높으므로 골재의 온도는 배합 온도를 가장 크게 좌우한다. 따라서 선행 냉각에 있어 골재 냉각은 필수적으로 요망되는 부분이다.

1) 낮은 외기 온도에서의 골재 생산

가능하면 겨울 동안에 골재를 생산하여 대규모로 야적하고 골재 더미에서 온도가 낮은 중심부 위주로 선별적으로 골재를 사용할 경우 배합 온도의 저감 효과를 볼 수 있다. 하지만 여러 계절에 걸쳐 계속적으로 골재를 생산해야 할 경우 이러한 효과를 거두기는 어렵다.

2) 냉각수로 잔 골재를 처리

만약 잔 골재의 야적이 필요하지 않고 잔 골재 처리 과정에서 적용이 가능하면 골재를 세척하거나 분류하는 과정에서 냉각수로 처리하는 방법도 효율적이다. 이때 증발열에 의한 추가적인 냉각도 기대할 수 있다. 이러한 방법으로 잔 골재의 생산 온도를 4~7 ℃까지도 낮출 수 있다. 표 8.1 및 표 8.2의 예제에서 잔 골재의 온도를 23 ℃에서 7 ℃로 낮출 경우 배합 온도를 약 4 ℃ 저감하는 효과가 있으며 계산 근거는 다음과 같다. 여기에서 121 kg은 잔 골재의 표면수가 함께 고려된 잔 골재의 등가 배합 수량이다.

$$\frac{121\ \text{kg} \times (23-7)℃}{555\ \text{kg}} = 3.5℃$$

3) 굵은 골재 더미에 살수

굵은 골재 더미에 안개를 뿌리거나 살수하는 방법은 큰 비용이 소모되지는 않지만 효과도 제한적인 방법이다. 냉각의 효과는 주로 증발로부터 나오며 이는 외기 온도, 바람, 상대습도 등에 의존한다. 골재 더미 하부에는 충분한 배수 시설이 설치되어 있어야 하며, 증발 비율을 따라갈 수 있는 정도의 물을 공급하는 것으로 충분하다. 대규모 골재 더미에서는 골재를 사용하는 부분에만 살수해도 된다. 살수하는 물의 온도가 골재보다 낮을 경우 추가의 냉각 효과를 거둘 수 있다. 골재가 잠길 정도로 과도하게 살수하는 것은 증발의 효과를 얻을 수 없어 오히려 불리할 수 있으며, 특히 물의 온도가 높을 때에는 더욱 불리하다.

4) 굵은 골재를 냉각수에 침수

매우 효과적인 냉각 방법 중 하나는 냉각수가 순환되는 탱크에 굵은 골재를 침수시키는 것이다. 탱크를 냉각수로 채우고 굵은 골재를 투입한 후 냉각수를 골재 주위로 순환시킨다. 그리고 물을 탱크로부터 배수한 후 탱크 밑바닥의 문을 통하여 골재를 빼내게 된다. 골재에 포함된 과도한 수분은 진동하는 체 위에서 제거된다. 152 mm 직경의 큰 골재도 2 ℃의 냉각수로 45분 동안 순환시킬 경우 3 ℃ 정도까지 온도를 저하시킬 수 있다. 그러나 모든 과정에 소요되는 시간은 2시간여에 이를 수 있으며, 골재 크기별로 별도의 탱크가 필요하다. 표 8.1 및 표 8.2의 예제에서 굵은 골재의 온도를 24 ℃에서 3 ℃로 낮출 경우 배합 온도를 약 12 ℃ 저감하는 효과가 있으며 계산 근거는 다음과 같다. 여기에서 317 kg은 굵은 골재의 표면수가 함께 고려된 굵은 골재의 등가 배합 수량이다.

$$\frac{317\ \text{kg} \times (24-3)℃}{555\ \text{kg}} = 12.0℃$$

5) 냉각수 뿌리기

굵은 골재가 컨베이어 벨트로 믹서기까지 운반되어 가는 도중에 냉각수를 살포하는 방법이다. 이를 위해서는 벨트의 속도를 느리게 하거나 운반 길이를 길게 해야 하고, 과다하게 공급된 수분을 제거할 수 있는 장치가 필요하다. 실용적으로는 수분 정도 냉각수를 살포하여 골재의 표면 부근에서만 열을 빼앗게 되지만 이러한 열량을 정량적으로 계산하는 것은 쉽지 않다. 믹서기에 차가운 공기를 불어넣어 골재의 온도를 추가적으로 낮출 수도 있다.

6) 골재의 진공 냉각

이는 압력이 대기압보다 낮을수록 물의 끓는점이 내려간다는 원리 및 물의 기화열이 크다는 점에 근거한 방법이다. 굵은 골재뿐 아니라 잔 골재에도 유사한 원리가 적용될 수 있다. 이를 위해서 골재는 기화열을 충분히 활용할 만한 수분을 함유하고 있어야 한다. 이러한 골재가 진공을 구현할 수 있는 밀폐된 압력 용기에 들어간 후 진공 상태를 만들면 증발(기화) 작용이 일어나게 된다. 표 8.1 및 표 8.2의 예제에서 굵은 골재의 1 퍼센트 표면수가 이러한 방식으로 증발되면 굵은 골재의 온도 저감량은 다음과 같이 31 ℃로 계산되며,

즉 굵은 골재의 온도는 24 ℃에서 -7 ℃까지 냉각될 수 있다. 대기압에서 수은주의 높이는 760 mm이며, 이러한 높이가 6 mm 정도까지 낮추어지는 진공 상태에서 기화열은 2,420 kJ/kg 정도이다.

$$\frac{17\ \text{kg}}{317\ \text{kg}} \times \frac{2420\ \text{kJ/kg}}{4.18\ \text{kJ/kg}\cdot\text{K}} = \frac{17\ \text{kg}}{317\ \text{kg}} \times 578.9℃ = 31.0℃$$

한편, 전체 배합의 온도 저감량은 다음과 같이 약 18 ℃ 정도이다.

$$\frac{17\ \text{kg}}{555\ \text{kg}} \times \frac{2420\ \text{kJ/kg}}{4.18\ \text{kJ/kg}\cdot\text{K}} = \frac{17\ \text{kg}}{555\ \text{kg}} \times 578.9℃ = 17.7℃$$

7) 액체 질소의 사용

액체 질소의 온도는 -196 ℃이며, 여기에서 나오는 극저온의 질소 가스는 배합수 저장탱크, 골재, 믹서기 등에 투입될 수 있다. 믹서기에 투입되기 직전의 배합수에 액체 질소가 가해질 경우 일부 배합수가 동결되어 냉각 효율을 높일 수 있다. 관련 장비의 임대나 구입 비용이 크게 높지 않고 준비에 많은 시일을 요하지 않는다는 의견도 있지만 액체 질소 자체의 가격, 지역적인 수급 환경 등 경제성에 대한 종합적인 판단이 필요하다. 또한 콘크리트 배합 온도를 액체 질소만으로 크게 낮추기는 어려우며 혼합 시간의 증가 등의 비효율성이 수반된다. 액체 질소가 믹서에 직접 투입될 경우에는 혼합 시간이 증가됨과 동시에 질소 가스의 손실을 최소화하기 위해 믹서가 어느 정도는 밀폐되어 있어야 한다. 이러한 경우 믹서는 극저온에 의한 온도 충격과 더불어 혼합 시간 증가에 따른 유지 관리비 증가로 이어질 수도 있다. 또한 안전상의 문제에 있어 극저온 문제 이외에도 질소의 급격한 기화 과정에서 일시적인 산소 부족 현상을 초래할 수도 있음에 주의해야 한다. 이론적으로는 액체 질소 이외에 드라이아이스 등의 다른 재료를 사용할 수도 있다.

8.2.5 결합재

시멘트나 혼화재(플라이 애쉬, 고로 슬래그 등)와 같은 결합재는 건조한 상태로 보관되어야 하며, 특히 시멘트의 경우 이슬점 이하로 온도가 내려갈 경우 수분이 응축되어 시멘트의 품질을 저하시킨다. 일반적으로 시멘트는 54~68 ℃ 정도의 온도로 운반되어 오며 취급 과정에 따라 몇도 정도는 변동될 수 있다. 또한 시멘트 운반 트럭에서 사일로로 옮기는 과정에서도 시멘트 온도가 상승될 수 있다. 시멘트가 배합에서 차지하는 양은 비교적 작으므로(표 8.1 참조) 시멘트의 온도가 배합 온도에 미치는 영향은 크지 않다. 또한 시멘트의 냉각 방법은 비경제적인 경우가 많으므로 일반적으로 배합 온도 저감을 위해 시멘트의 온도까지 낮추는 경우는 많지 않다.

8.2.6 재료의 저장 및 콘크리트 취급 과정에서의 온도 상승

재료의 저장 및 콘크리트의 혼합, 운반, 타설 과정에서도 배합 온도가 변동되며, 따라서 중요 시공 계획 중의 하나는 이러한 과정에서의 배합 온도 상승을 최소화하는 것이다. 사일로나 야적장 등에서 재료 저장할 경우에는 단열재 설치, 차양막 설치, 공기 또는 찬 공기의 순환 등이 효과적이다. 콘크리트 혼합할 때 추가되는 열량은 1 m^3의 콘크리트당 1,390 kJ 정도이다(표 8.2 참조). 콘크리트 혼합 후 타설할 때까지의 지연 요인들, 즉 운반 시간, 타설 전 대기 시간 등이 클 경우에는 배합 온도 추정할 때에 이러한 요인들을 추가적으로 고려해야 한다. 트럭을 통한 운반 외에 컨베이어 벨트를 통한 콘크리트 운반할 때에는 온도 변동 요인이 더 크므로 벨트의 속도를 빠르게 하고 햇볕이나 외기로부터 콘크리트를 보호하기 위한 조치가 필요하다.

8.2.7 냉각 플랜트의 용량

아이스 플랜트 등 선행 냉각을 위한 냉각 플랜트의 용량은 단위 부피 콘크리트당 저감해야 할 열량(kJ/m^3)에 콘크리트의 요구되는 생산 속도(m^3/h)를 곱하여 구한 시간당 열량 저감량(kJ/h)으로부터 추정해 볼 수 있다. 특별한 조치를 취하지 않았을 경우, 야적된 골재의 온도는 외기 온도를 어느 정도 따라 가게 되므로 이러한 냉각 플랜트의 용량은 여름철 대기 온도가 가장 높은 기간을 고려하여 결정해야 한다. 냉각 플랜트는 얼음의 생산과 같이 한 가지 목적만을 위한 경우도 있으나 얼음, 냉각수, 냉각된 공기 등 다양한 목적을 위해 준비되는 경우도 있다.

표 8.3은 표 8.2에서 82 kg의 배합수를 얼음 47 kg과 2 ℃의 냉각수 35 kg으로 구성하여 약 20,900 kJ/m^3의 열량을 저감할 경우 배합 온도를 약 16 ℃로 저감할 수 있음을 보여주고 있다. 단, 계산할 때 얼음의 온도는 보수적으로 0 ℃로 가정하였다. 냉각 플랜트 계획할 경우 이러한 열량 저감량과 콘크리트의 생산 속도를 고려하게 된다.

표 8.3 얼음 및 냉각수를 이용한 선행 냉각의 예

구성 요소	초기 온도 (℃)	16℃로 낮추기 위한 온도 저감량[1] (℃)	등가 배합 수량 [2] (kg)	16℃로 낮추기 위한 열량 저감량 [1]×[2]×4.18 kJ/kg·K (kJ)
굵은 골재 (표면수 포함)	24	8	317	10,600
잔 골재 (표면수 포함)	23	7	121	3,540
시멘트	49	33	25	3,449
플라이 애쉬	23	7	10	293
혼합할 때 추가되는 열량(가정)				1,390
총 량				19,272
배합수				
얼 음	0(가정)	−334(융해열)	47	−15,698
얼음(녹은 후)	0	−16	47	−3,143
냉각수	2	−14	35	−2,048
총 량				−20,889

이처럼 얼음을 사용한 경우의 선행 냉각 효과는 다음과 같은 수식으로 표현할 수도 있다. 단, 물의 경우 배합수 및 골재의 표면수를 별도로 고려해야 한다.

$$T = \frac{T_a C_a W_a + T_s C_s W_s + T_c C_c W_c + T_f C_f W_f + T_w C_w W_w - 334 W_i + H_m}{C_a W_a + C_s W_s + C_c W_c + C_f W_f + C_w (W_w + W_i)} \quad (8.3)$$

여기서,

T : 콘크리트의 배합 온도

C_a, C_s, C_c, C_f, C_w : 각각 굵은 골재, 잔 골재, 시멘트, 플라이 애쉬(또는 기타 혼화 재료), 물의 비열

W_a, W_s, W_c, W_f, W_w, W_i : 각각 굵은 골재, 잔 골재, 시멘트, 플라이 애쉬(또는 기타 혼화 재료), 물(얼음 제외), 얼음의 질량

T_a, T_s, T_c, T_f, T_w : 각각 굵은 골재, 잔 골재, 시멘트, 플라이 애쉬(또는 기타 혼화 재료), 물의 온도

H_m : 혼합할 때 추가되는 열량

8.2.8 효율적인 타설 계획

서중 환경하에서는 선행 냉각된 콘크리트 배합이라도 타설 중에 외기나 태양광으로부터 열을 흡수할 수 있고 대기중인 레미콘 차에서의 혼합 과정 및 타설 장비를 통한 이동 과정에서도 온도가 상승할 수 있다. 타설되는 곳에 안개를 뿌리고 차양막을 설치하여 이러한 온도 상승을 줄일 수 있다. 야간에 타설하는 것도 효과적인 방법이다. 레미콘의 대기 시간 및 타설 시간을 최소화할 수 있는 최적화된 배차, 타설 계획 및 적절한 사양과 개수의 타설 장비의 운용은 필수 요구 사항이다.

8.3 관로식냉각(Postcooling) 시스템

8.3.1 개요

얇은 두께를 가진 관을 콘크리트에 매입하고 냉각수, 해수, 하천수 등을 순환시킴으로써 수화열에 의한 콘크리트 온도를 낮출 수 있다. 경우에 따라 물이 아닌 공기를 순환시키는 방법도 가능하다. 관로식냉각이 소정의 효과를 거두기 위해서는 관의 재질, 직경, 배치 간격, 길이, 냉각수의 온도, 순환 속도(유량), 통수 기간 등을 면밀히 검토한 후 적용해야 한다. 관로식냉각을 통해 타설 후 며칠 동안의 콘크리트 최대 온도를 상당량 저감할 수 있으며, 또한 필요에 따라 수화열이 방출되면서 콘크리트가 수축되는 현상을 인위적으로 가속화시킬 수도 있다.

냉각관 주변의 온도 분포는 매우 복잡하고 변화가 심한 경향을 보인다. 저온의 액체가 작은 직경의 관을 통과하는 경우가 덜 차가운 액체가 큰 직경의 관을 통과하는 경우보다 이러한 현상이 더 심하다. 이러한 현상이 심화될 경우 때로는 관 주변으로 방사 방향 또는 원환 방향의 균열이 유발되기도 한다. 일반적으로 콘크리트 내부 온도가 최대 값에 도달하기 이전, 즉 콘크리트가 어느 정도의 탄성계수를 보유하기 이전에는 냉각 속도에 대한 제한이 필요하지 않다. 한편, 최대 온도 도달 후에는 다음의 3가지 조건 중 한 가지를 만족하는 시점까지 냉각이 지속되어야 한다.

(1) 콘크리트 냉각 속도가 균열을 유발할 정도로 빨라질 때
(2) 콘크리트 온도가 최대 온도 도달 후 약 17 ℃만큼 감소하였을 때. 이는 한계 인장변형률에 대한 실험으로부터 경험적으로 도출된 것이며, 최대 온도 도달 직후 온도 저

하 속도를 한 달에 8~17℃ 정도로 제한할 경우에는 균열 발생이 최소화되었다는 결과에 근거하고 있다.

(3) 콘크리트가 최종적으로 안정화된 온도(=외기 온도)에 도달하거나 설계자가 명시한 온도에 도달하였을 때.

상기의 초기 냉각 기간은 조건에 따라 1주일에서 한 달까지 변할 수 있다. 냉각을 중단한 이후에는 콘크리트 온도가 또다시 상승할 수 있으며 만약 이러한 현상이 유해할 경우에는 다시 냉각을 실시할 수도 있다. 단, 이때에는 콘크리트의 탄성계수가 비교적 크므로 균열 제어를 위해 초기 냉각 기간보다는 냉각 속도를 작게 설정해야 한다.

최근에는 관로식냉각의 해석 기능이 포함된 전산구조해석 프로그램이 다수 개발되었으므로 해석적으로, 여러 가지 변수들의 영향을 비교 검토하여 구조물 제원 및 조건에 따라 최적의 관로식냉각 시스템을 도출하는 것이 바람직하다. 실 구조물 시공에 앞서 유사한 크기의 시험체를 가지고 실물모형 시험(Mock-up test)을 실시하는 것도 권장된다. 전산구조해석할 경우에는 파이프와 주변 콘크리트와의 열교환 정도를 정의하기 위해 대류계수(유수대류계수)를 입력 값으로 하는 경우가 많은데, 이는 관의 내경 및 외경, 관의 열전도도, 관의 재질, 유속 등의 함수이다.

온도 계측은 유입수, 유출수, 파이프 주변, 배치된 파이프들의 중간 위치 등에 열전대를 매입하여 수행되어야 하며 해석적으로 유추한 값이 있다면 이와 비교하여 검증함이 바람직하다. 유입수와 유출수의 온도차는 콘크리트로부터 제거된 열량을 추정하는 척도가 되므로 중요하다.

8.3.2 냉각관

1) 재료

1.5 mm의 얇은 두께, 25 mm의 직경을 가진 알루미늄관 또는 강관이 성공적으로 적용된 사례가 많다. 하지만 해석에 의하면 더 큰 직경의 관이 더욱 효율적인 경우도 많고, 재질에 있어서도 스테인리스, PVC 재질 또한 사용될 수 있다. 관들을 연결하여 사용할 경우에는 이음부에 같은 재료를 사용하는 것이 좋으며 열효율이 저하되지 않도록 가급적 이음의 개수가 적을수록 좋다. 알루미늄관은 경량이어서 설치가 쉽다는 장점이 있지만 시멘트의 알칼리 성분과 반응하여 열화나 누수가 발생할 가능성도 있으므로 냉각 기간이 비교적 짧을 때 사용하는 것이 좋으며 냉각 기간이 3개월을 넘을 경우 사용하지 말아야 한다.

2) 간격

냉각관의 적절한 간격은 경우에 따라 다르며, 최적의 간격을 결정하기 위해서 ACI 207.1R에 제시된 도표를 사용할 수도 있으나 전산구조해석의 기능이 발달된 최근에는 이를 이용한 예비 해석을 통해 결정할 수도 있다. 관의 냉각 효율에 따라 최적의 간격에는 차이가 있지만 대체로 1 m 간격을 넘지 않는 범위 내에서 결정되는 경우가 많다.

3) 관의 배치

관의 길이는 183 m에서 366 m까지 사용된 사례가 있고 평균 244 m 정도가 적당하다는 연구 결과도 있지만 역시 해석 또는 실험을 통해 실 구조물 적용 이전에 검증되어야 한다. 관의 길이가 길수록 냉각수의 온도가 올라가서 주변 콘크리트의 열을 빼앗는 효율이 저하되기 때문에 불리하다. 동일한 냉각수 순환 펌프에 연결된 관들의 길이는 가급적 유사한 것이 바람직하며, 이는 관들마다 유사한 냉각 효과를 얻기 위함이다.

관은 철근 등에 단단히 고정하여 콘크리트 타설 작업할 때 이동하지 않도록 해야 하며, 특히 이음부가 느슨해지지 않도록 조치해야 한다. 각각의 관은 주변 콘크리트 타설 전에 수밀성 실험을 실시하여 검증하는 것이 바람직하며, 관의 시작 지점과 종료 지점에 유량계를 설치하여 유량을 비교함으로써 누수 여부를 판정해 볼 수도 있다.

냉각수는 콘크리트 타설이 시작되기 이전 또는 늦어도 타설과 동시에 순환시키기 시작하는 것이 좋은데, 이는 냉각 효과를 높이고 외부 충격에 대해 관의 손상을 최소화하며 경화되기 이전의 콘크리트에 의해 관이 떠오르는 것을 방지하기 위함이다.

4) 손상된 관의 보수

배치된 관은 타설과 다짐 작업 중 타설되는 콘크리트나 다짐기 등에 의해 손상될 수 있다. 손상된 관은 냉각수의 흐름을 방해할 수 있으므로 즉각적인 보수를 위해 예비적인 관 및 이음 장치를 현장에 준비해 놓아야 한다. 관의 손상 부위 주위의 콘크리트를 제거하고 손상된 관을 제거한 후 새로운 관을 그 부위에 끼워 넣어야 한다.

8.3.3 냉각 및 펌핑

1) 펌핑

냉각수의 유량은 25 mm 직경의 파이프의 경우, 일반적으로 1 m^3/hour 내외가 적절한데 이는 난류 유속의 약 4배에 해당한다. 난류는 물 입자간의 에너지 전달률을 증가시키므로 대류에 의해 주변 콘크리트의 열을 더 많이 빼앗아 올 수 있다. 필요할 경우 필터링을 통하여 냉각수에 침전물이 포함되지 않도록 해야 하며, 이는 관의 굽은 부분이나 좁아지는 곳, 밸브 부위에서 관이 막히는 현상을 방지하기 위함이다.

고른 온도 분포를 위하여 적어도 하루에 한 번씩은 냉각수의 순환 방향을 바꾸어 주는 것이 바람직하며, 냉각수 온도를 유지하기 위해 외부에 노출되는 관 부분은 단열시키는 것도 좋다.

2) 냉각

냉각 플랜트의 용량은 냉각수의 온도, 가동되는 관의 개수, 냉각 기간 등을 고려하여 결정해야 한다. 3℃ 정도의 냉각수가 활용된 경우가 많고 부동액이 혼입될 경우 1℃까지도 사용되어 왔으나, 앞서 언급하였듯이 경우에 따라 냉각수의 온도가 과도하게 낮으면 주변 콘크리트와의 온도차로 인해 관 주위에 균열이 유발될 수도 있으므로 주의한다.

3) 자연수의 이용

자연으로부터 직접 채취한 우물, 강물 등도 유량이 풍부하고 온도가 일정하며, 침전물이 적으면 냉각수로 활용할 수 있다. 깨끗하지 못한 물을 사용하면 관이 막힐 우려가 크므로 주의한다. 관을 통과한 물은 온도가 올라가므로 다시 원래의 근원지로 흘려보내고자 하면 환경에 미치는 영향을 검토해야 한다.

8.4 표면 단열

구조물 표면을 적절한 재료를 사용하여 단열 또는 보온시키는 것은 구조물 단면의 내외부 온도차가 과도할 경우 표면에서 발생하는 내부 구속 응력 및 균열을 저감할 수 있는 기본적이면서도 효과적인 방법이다. 일반적인 양생 재료에 부가하여 구조물을 전체적으로 천막으로 씌워 주는 것도 효과적인 표면 보온 방법이며 특히 외기 온도가 낮은 시기에는 히터나 온풍기를 이용하여 천막 내부의 온도를 적극적으로 상승시켜 주는 것이 바람직하다.

8.4.1 개요

표면 단열 상태에 따라 차이가 있지만 대략적으로 한 변의 최소 길이가 1.5 m 정도인 부재의 중심부는 수화 발열할 때 단열 상태에 가깝게 되어 온도 상승이 극대화된다. 여기에서 단열 상태란 부재 주위의 열 출입이 차단된 상태를 의미한다. 반면 거푸집면 또는 노출면과 같은 표면부에서는 수화열이 발생해도 주변 외기로 비교적 빠르게 소산되므로 온도 상승이 중심부에 비해 훨씬 덜하게 된다. 이러한 현상에 의해 단면에 내·외부 온도차가 발생하게 되며 표면의 단열을 통해 이러한 온도차를 최소화할 수 있다.

1) 응력의 발현

콘크리트의 초결 이전에는 단면에 온도 경사가 있거나 온도 변화가 발생해도 응력을 크게 유발하지는 않는데, 이는 탄성계수가 비교적 작고 또한 응력이 이완되는 크리프의 효과가 지배적이기 때문이다. 하지만 강도와 탄성계수가 발현되어 감에 따라 온도 경사에 따른 부피 변화의 차이는 단면 자체에 의해 구속되어 내부 구속 응력을 유발하게 된다. 이러한 내부 구속 응력은 단면을 가로지르며 인장과 압축이 평형을 이루는 것이 특징이다. 이러한 온도 경사, 즉 단면 내·외부 온도차에 의한 내부 구속 응력에 대한 좀 더 자세한 사항은 ACI 207.2R을 참조하도록 한다.

2) 강도의 발현

강도의 발현은 수화 반응이 일어나는 재령과 온도에 밀접하게 관련되며, 이를 성숙도의 개념이라 한다. 포졸란 재료가 많이 혼입된 배합의 경우에는 강도 발현이 늦어지는 경향이 있다. 모든 균열은 응력과 강도의 상호 관계에 따라 발생하므로 특히 수화열에 의한 내부 구속 균열 등 초기 재령의 균열을 평가할 때 강도의 발현 성상도 응력의 발현 성상만큼 중요하다.

3) 온도 경사

위에서 언급했듯이 탄성계수가 매우 작은 초기 재령에서의 온도 경사는 응력을 유발하지 않으므로 이 시기에 낮은 외기 온도에 노출되는 것은 크게 불리하지 않다. 하지만 콘크리트가 경화되어 가면서 탄성계수가 증가하게 되면 외기에 노출된 표면 온도가 저하되고 내부 온도가 수화열에 의해 증가함에 따라 발생된 온도 경사가 비교적 큰 응력을 유발할 수 있다. 이때 자체 평형을 이루는 온도 경사에서 내부의 압축부는 구간이 크고 표면의 인장부는 구간이 작으므로 인장응력이 비교적 크게 발생하는 특징이 있다. 이러한 표면부의 인장응력이 인장강도에 비해 과도할 경우 표면에 균열이 발생하게 된다.

한편, 내부의 수화 발열이 둔화되는 시점에서는 외기에 의해 표면 온도가 저하되는 것이 온도 경사를 크게 만드는 주된 요인이 된다. 이러한 관점에서 특히 외기 온도가 낮은 동절기에 표면 보온 및 단열의 중요성이 커지는 것이며, 외기 온도가 일시적으로 낮아지는 야간이나 새벽에도 유사한 대비가 필요하다.

8.4.2 단열재

이상의 분석과 같이 콘크리트의 균열을 방지 내지 저감하기 위해서는 표면이 면밀히 보온되어야 하며, 이는 표면과 외기와의 대류계수가 낮아짐을 의미한다. 한 예로 일반적인 기후 조건에서 겨울에도 표면에서 1.4 W/m^2·K 정도로 낮은 대류계수가 확보될 수 있으면 균열 제어에 유리하다. 이는 콘크리트 표면에 25 mm 두께의 폴리스티렌이나 우레탄(열전도도 0.04 W/m·K) 재질을 덧댄 경우에 해당한다. 이러한 재질은 표면수를 흡수하지 않아 건조 수축을 촉진하지 않는 점에서도 유리하다. 만약 양생포를 통해 이러한 효과를 얻으려면 여러 겹을 겹쳐서 사용해야 한다. 콘크리트 표면과의 사이에 약간의 틈을 두고 폴리에틸렌 시트를 밀실하게 덮는 것도 따뜻한 공기층이 형성되게 하므로 약간의 표면 보온 효과가 있다.

여러 가지 표면 보온 조건에서 외기 온도의 저하가 콘크리트의 온도 분포에 미치는 영향은 ACI 207.4R과 같이 도표화되어 제공되기도 하지만 전산구조해석을 통해 좀 더 정확히 추정할 수 있다.

8.4.3 수평면

거푸집이 없는 수평면의 경우 후속 작업에 기인하여 적극적인 보온 양생을 실시하기 어려운 경우도 많다. 콘크리트와 양생 재료가 최대한 접하도록 배치해야 보온 효과가 향상된다. 최근에는 양생포나 고무 재질을 양생 재료로 사용하는 경우가 많으며 필요할 경우 몇 겹을 사용하는 것도 좋다. 표면 보온은 작업이 가능한 정도로 콘크리트가 경화되면 바로 시작해야 하며, 가능한 한 다음 층이 타설되기 전까지 지속적으로 실시할 것이 권장된다.

그 외에도 담수, 건초나 모래 쌓기 등의 방법도 표면 보온을 위한 좀 더 경제적인 방법으로서 사용될 수 있다. 단, 모래, 특히 젖은 모래의 경우 콘크리트 표면의 온도를 다소 낮추어 내·외부 온도차에 영향을 주므로 불리할 수도 있음에 주의해야 한다. 또한 콘크리트 표면이 충분히 경화되지 않은 상태에서는 위의 양생 재료를 적용하기 전에 플라스틱 재질을 먼저 덮어 표면의 손상을 최소화하고 양생 재료 제거 작업할 때의 편의를 도모할 수 있다.

보통의 보온성을 가진 양생 재료를 여러 겹 사용하는 것이 보온성이 좋은 한 겹의 재료를 사용하는 것보다 유리하다. 여러 겹을 사용할 경우, 양생 재료가 겹치는 부분이 외기에 노출되는 문제가 최소화되도록 배치할 수 있고, 또한 제거할 때도 점진적인 제거를 통해 표면 온도가 급격하게 저하되는 현상, 즉 온도 충격을 최소화할 수 있는 장점이 있다.

수평면에 연달아 콘크리트를 타설할 경우, 신구 콘크리트 간에 온도차가 크면 접합면에서 새로 타설한 콘크리트의 온도가 저하되어 온도 경사가 커질 우려가 있으므로 신 콘크리트 타설 전에 구 콘크리트의 접합면 온도를 다소 상승시켜 놓는 것이 유리하다.

8.4.4 거푸집면

강재 거푸집보다는 합판 거푸집의 단열 성능이 우수하며, 두께 약 75 mm 정도의 합판 거푸집은 어느 정도 만족스러운 표면 보온성을 가진다. 따라서 보온성이 좋은 합판 거푸집은 공정에 지장이 없는 한 가급적 오래 존치해 두는 것도 바람직하다. 강재 거푸집은 보온성이 거의 없다고 보아야 하므로, 보온이 필요할 경우 스티로폼 등의 단열재를 추가적으로 설치해야 한다. 단열재를 거푸집 바깥쪽이 아닌 안쪽에 설치하고 탈형 후에도 단열재를 그대로 존치하는 방법도 시도되었지만, 이때에는 콘크리트 면이 고르지 않을 우려가 있다.

탈형 후에는 즉시 단열재를 탈형면에 부착시켜 표면을 지속적으로 보온하는 것이 바람직하다. 탈형면에서 발생하는 건조 수축 현상을 저감하기 위하여 단열재 부착 이전에 피막 양생제를 도포하는 것도 바람직하다. 이때 탈형된 콘크리트 표면이 외기에 노출될 때의 영향이 최소화되도록 하루 중 가장 외기 온도가 높은 시점에 탈형을 실시할 것이 권장된다. 또한 내부의 온도가 많이 상승되어 있는 시점에서 탈형을 실시할 경우 내·외부 온도차가 급격히 벌어질 우려가 있으므로 가급적 내부가 최대 온도에 도달한 이후 어느 정도 온도가 저하된 시점에서 탈형을 실시하는 것이 바람직하다.

8.4.5 모서리 및 코너

모서리나 코너의 경우 열이 2방향 또는 그 이상의 방향으로 방출되어 온도가 급격하게 저하되므로 일반적인 콘크리트면에 비해 인장응력이 더욱 급격하고 크게 발현될 수 있다. 따라서 모서리나 코너에서는 좀 더 강화된 표면 보온이 필요하며, 예를 들어 단열재의 두께를 일반 부위의 2배로 설정해 볼 수 있다.

8.4.6 표면 보온의 실시

온도 균열 저감 및 방지를 위해 단열재를 사용하여 표면을 보온해야 하는 기간은 콘크리트 배합, 구조물의 형상, 내부 구속 및 외부 구속의 정도, 강도 발현 속도, 기후, 지리적인 위치 등에 의존한다.

기후가 열악한 곳, 즉 고지나 최저 온도가 동결점 이하로 떨어지는 곳에서는 예를 들어 초가을에서 늦봄까지는 보온 양생이 필요할 수 있다. 또한 외기 온도의 일변화가 심한 지역에서는 여름에도 보온 양생이 필요할 수 있다.

09 장

시공 사례

9.1 인천대교

인천대교는 그림 9.1과 같이 영종도와 육지를 연결하는 도로이며 공항이 있는 영종도와 송도 자유경제특구(인천광역시)를 묶는 전장 약 12km의 해상 교량이다. 교량의 중앙 항로는 폭 625.5 m, 높이 74.0 m로서 세계적인 규모이고, 인천대교는 항로부에 중앙경간 800 m의 5경간 연속 강상판 박스거더 사장교, 접속교부에 지간 145 m의 FCM(Free Cantilever

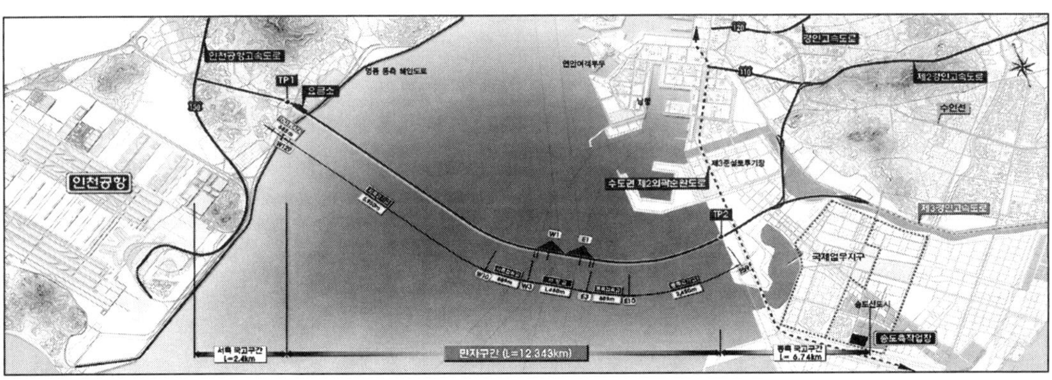

그림 9.1 **인천대교의 위치**

Method)에 의한 프리캐스트 콘크리트 박스거더교, 고가교에 지간 50 m의 FSLM(Full Span Launching Method)에 의한 연속 PC박스 거더교로 되어 있다. 공사는 2005년 6월 16일 에 공사를 착공하여 2009년 10월에 완공하였다. 표 9.1은 인천대교의 경간 구성 및 하부 및 상부 구조 공법을 정리한 것이다.

인천대교는 항로 높이가 74 m로 높고 지간장이 800 m나 되기 때문에 탑정부 높이는 약 240 m가 된다. 주탑 형상은 노면으로부터 상방은 교량 전체의 비틀림 강성을 확보하기 위한 역Y형으로 하였고, 노면으로부터 하방은 기초공 폭을 작게 하기 위해 교축 직각 방향으로 점점 좁아지는 형상을 채용하였다.

주탑 구조는 해외의 많은 장대 사장교와 같이, 경제성을 고려해 철근 콘크리트 구조를 채용하였다. 보강형을 지지하는 가로보는 상시 인장력이 작용하는 부재이기 때문에 PC구조로 하였다. 공기 단축이 큰 과제이기 때문에 가로보는 프리캐스트화 하였고, 3,000톤급 플로팅 크레인(Floating Crane)에 의한 일괄 가설을 할 예정이다. 사재(斜材) 정착부는 가설 정확도가 매우 중요하기 때문에 공기 단축과 함께 시공 정밀도를 확보하기 쉬운 강각 정착 구조로 하였다. 그림 9.2는 인천대교 주탑 구조를 보여주고 있다.

기초공은 현장 타설 말뚝(다주식)기초로 사장교부가 항로에 인접해 있고 수심 및 지지층이 얕기 때문에 직경 3.0 m의 RCD 방법으로 시공하였으며, 파일의 길이는 60 ~ 70 m에 달한다. 그림 9.3은 주탑 파일 캡과 페데스탈의 형상을 도시한 것이다.

표 9.1 인천대교

구 분	서 측		사 장 교			동 측		계
	고가교	접속교	측경간	주경간	측경간	접속교	고가교	
경간(m)	5,950	889	80+260	800	80+260	889	2,450	11,658
하부 및 주탑 공법	Φ1.8, Φ2.4, Φ3.0 RCD Π형 교각	Φ2.4 RCD	Φ3.0 RCD	Φ3.0 RCD 역Y형 콘크리트 주탑	Φ3.0 RCD	Φ2.4 RCD	Φ1.8, Φ2.4, Φ3.0 RCD Π형 교각	
상부 공법	FSLM	FCM	Steel Deck 사장교			FCM	FSLM	

* Toll Plaza 부근의 일부 교량은 제외한 제원임.

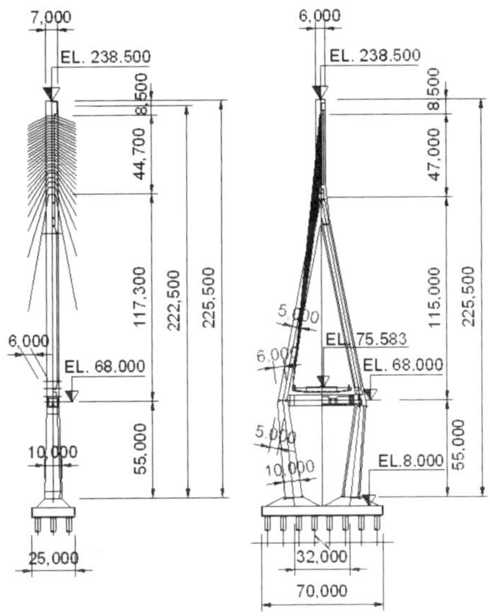

그림 9.2 **주탑 구조도**

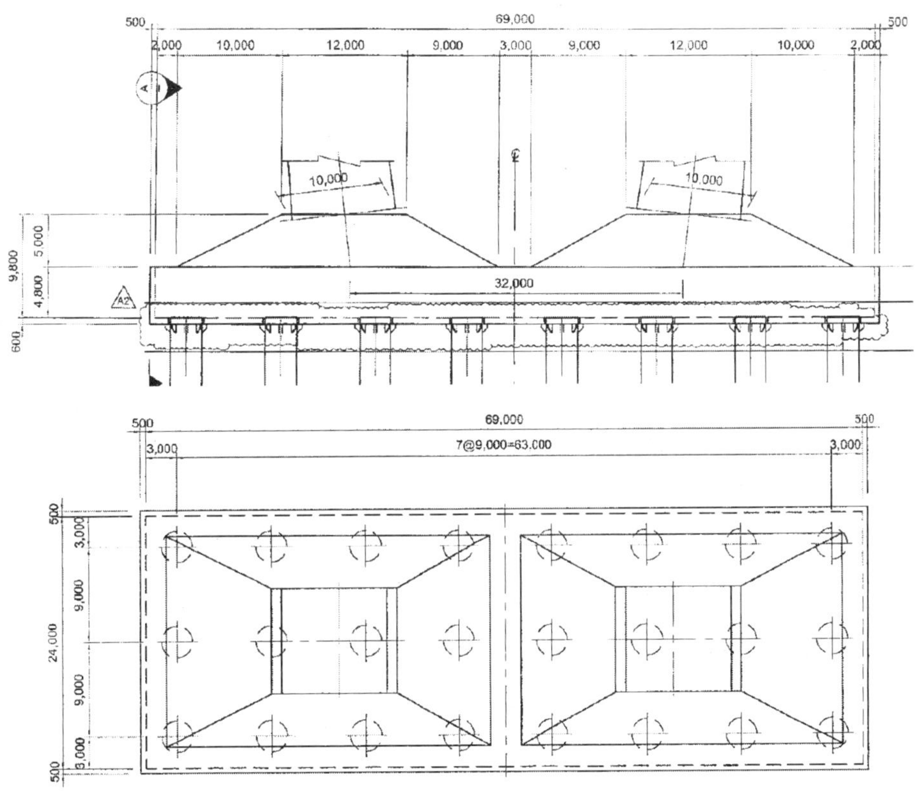

그림 9.3 **인천대교 주탑 파일 캡 및 페데스탈**

인천대교의 주탑 파일 캡 및 페데스탈부는 콘크리트 물량이 각각 8,000 m^3, 3,700 m^3를 타설하게 되므로 초기 단계에서부터 수화열에 의한 균열 발생 가능성 배제를 위한 설계를 수행하였다. 사용하는 재료 특성을 파악하기 위해서 사용 예정 재료와 배합들에 대한 단열 온도 상승 시험을 실시하였고 내구성 시험 및 해석을 통해서 설계 기준인 100년 내구 연한에 대한 검토를 완료하였다. 해석과 병행하여 시공중 발생하는 온도와 변형률의 계측을 통해서 실제 구조물에 발생하는 온도와 변형률을 검토하며, 이 결과를 해석 결과와 비교하여 해석의 적정성 여부와 균열이 발생한 경우 발생 원인 분석 및 보수 방법에 대한 기초 자료로 사용하였다. 설계 단계에서부터 초대형 매스 콘크리트 시공에 대한 검토를 통해서 해석뿐 아니라 해상 물류, 콘크리트 시공 및 계측 등에 대한 종합적인 계획을 수립하였으며, 이에 따라서 초대형 구조물임에도 특별한 품질 문제 없이 시공이 완료되었다.

인천대교는 매스 콘크리트에 해당하는 부분에 결합재 종류, 시공 간격, 타설 높이, 양생 조건, 선행 및 관로식냉각을 변수로 수화열 해석을 실시하여 온도 균열 지수 1.0 이상의 결과를 만족하는 시공 방안을 현장에 적용하여 초기 재령 콘크리트의 온도 균열을 제어하였다.

9.1.1 주탑부 파일 캡

인천대교 주탑부 파일 캡은 69 m×24 m×4.8 m의 구조물로 대형 PC-HOUSE를 파일 상부에 거치하고 대형 해상 Batching Plant를 이용하여 콘크리트를 타설하였으며, 파일 캡의 균열 제어를 위하여 저발열형 3성분계 시멘트의 사용과 함께 2단 분할 타설 및 담수 양생을 하는 것으로 계획하였다. 표 9.2는 주탑부 파일 캡의 배합을, 표 9.3은 시공 및 양생 방법을 정리한 것이다.

파일 캡의 시공할 때 계획된 일정 및 방법에 따라서 시공이 이루어졌으며 최종적으로 구조물의 균열이 발견되지 않았다. 그림 9.4와 9.5는 주탑 파일 캡의 시공 사진을 보여주고 있다.

표 9.2 주탑부 파일 캡 배합 조건

설계강도(MPa)	결합재 종류	단위 결합재량(kg/m^3)	물-결합재비(%)
35	3성분계 시멘트 (1종+SG+FA)	432	38

표 9.3 주탑부 파일 캡 시공 계획

- 분할 타설: 2.7 m (1단) + 2.1 m (2단) = 4.8 m
- 1단: 타설 2일 + 레이턴스 제거 1일 + 담수 양생 5일 (50 mm) + 면 정리 1일
- 2단: 타설 2일 + 레이턴스 제거 1일 + 담수 양생 7일 (50 mm) + 면 정리 1일
- 페데스탈 2단 타설 완료 후 30일 후에 타설

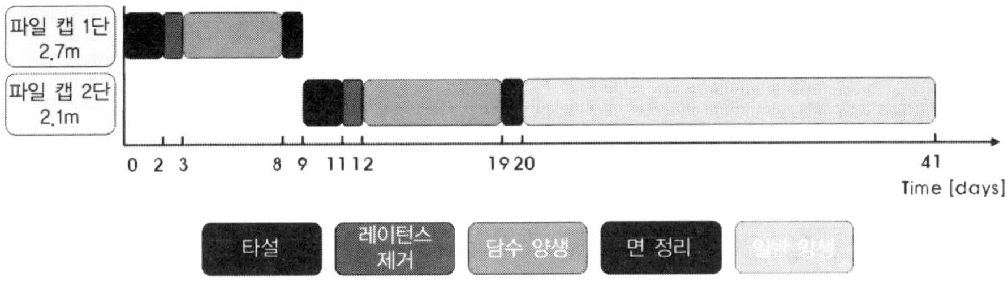

그림 9.4 주탑부 파일 캡 철근 조립

그림 9.5 주탑부 파일 캡 콘크리트 타설

9.1.2 주탑부 페데스탈

1) 해석 사례

주탑부 페데스탈 시공을 위해 시공 전 유한요소 프로그램을 이용한 수화열 해석을 실시하였으며, 시공 조건을 CASE 1(일체 타설, 관로식냉각 실시), CASE 2(분할 타설, 관로식냉각 미실시)로 구분하여 해석을 수행하고 모든 검토 위치에서 온도 균열 지수 1.0 이상의 결과를 도출한 CASE 2를 시공 방안으로 제시하였다.

페데스탈 수화열 해석할 때 콘크리트의 열적 및 역학적 특성은 실험과 콘크리트 표준시방서에 제시된 값들을 사용하였으며, 현장 조건을 최대한 반영하기 위해 타설 시기의 외기 온도, 콘크리트 타설 온도를 실제 시공할 때와 동일한 조건으로 해석 고려하였고, 관로식

표 9.4 주탑부 페데스탈 배합 조건

설계강도(MPa)	결합재 종류	단위 결합재량(kg/m^3)	물-결합재비(%)
35	3성분계 시멘트 (1종+SG+FA)	432	38

표 9.5 주탑부 페데스탈 관로식냉각 입력 변수

파이프 배치 간격		800 mm(좌우) × 800 mm(상하) 입출구간 거리 150~200 m 표면으로부터 400 mm 위치에 파이프 배치
유류 대류계수(kcal/m^{2}hr℃)		328
파이프 직경(cm)		25.4
냉각수	유입 유량(m^3/hr)	1.09 (유속 : 600 mm/sec)
	유입 온도(℃)	10 ℃
	통수 기간	7 일

냉각할 경우 파이프 배치 간격, 냉각수 유입 온도, 통수 기간, 유입 유량을 국내외 기준을 바탕으로 설정하였다. 그림 9.7은 냉각 파이프 배치를, 그림 9.8~9.11은 단면과 파이프의 온도 분포를 보여주고 있다.

페데스탈과 같은 대단면 구조물의 수화열 해석할 경우 초기에 단면의 온도 변화에 따른 내부 구속과 구조물의 온도가 외기와 수렴하는 시기에 파일 캡에 의한 외부 구속에 의한 복합적인 응력 패턴이 발생할 가능성이 있으므로, 해석모델링할 때 파일 캡을 이미 타설된 콘크리트 구조물로 하여 1/4모델로 모델링하여 해석을 수행하였다. 그림 9.12나 9.14는 온도 응력 분포를 보여주고 있다.

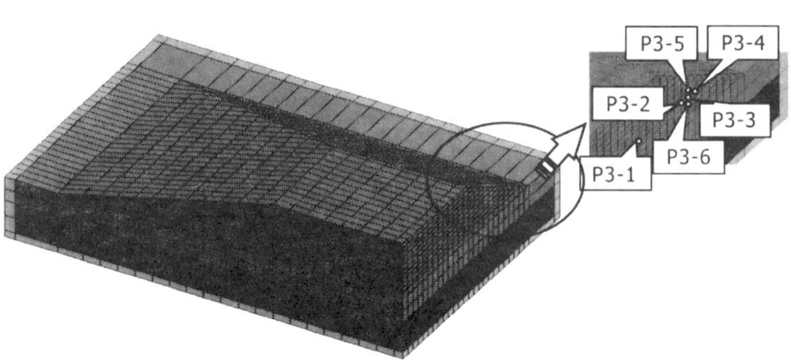

그림 9.6 해석모델 (1/4 모델) 및 검토 위치

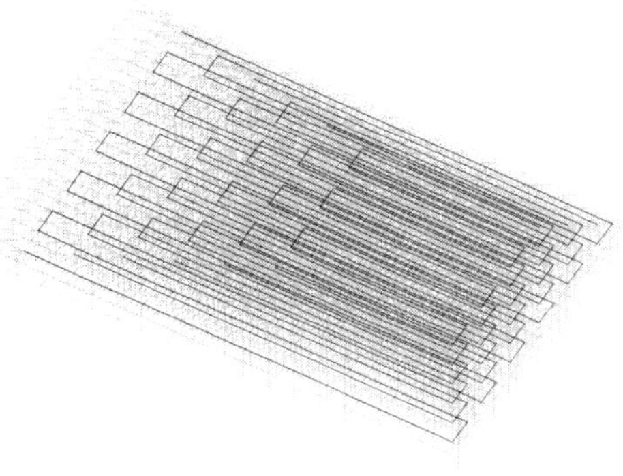

그림 9.7 **파이프 배치**

- 인천대교 페데스탈 수화열 해석 온도 분포

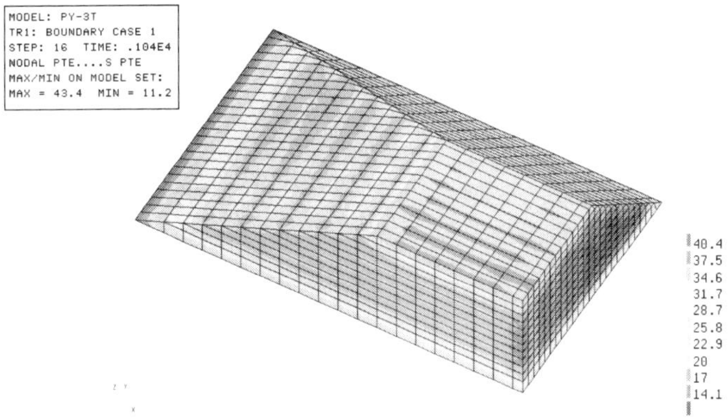

그림 9.8 **온도 분포 - 인천대교 주탑부 페데스탈**

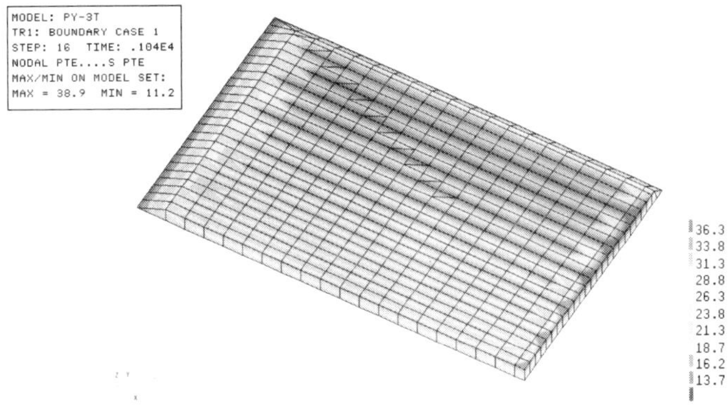

그림 9.9 **관로식냉각할 경우의 온도 분포**

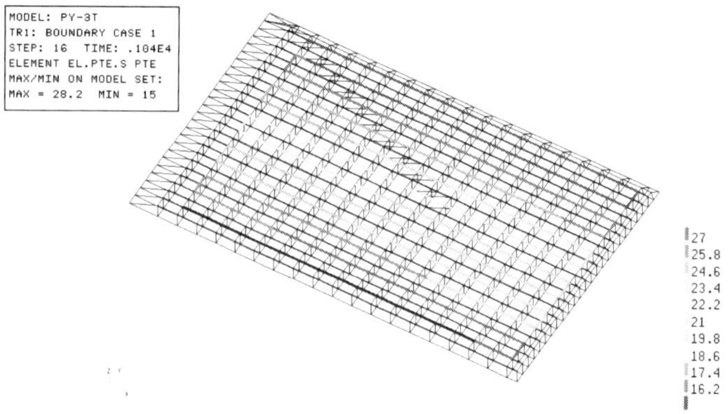

그림 9.10 **쿨링 파이프 온도 분포**

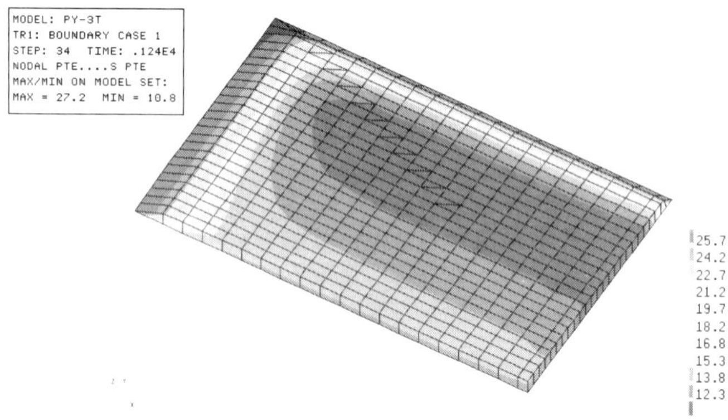

그림 9.11 **관로식냉각 중단 후의 온도 분포**

- 인천대교 페데스탈 수화열 해석 응력 분포

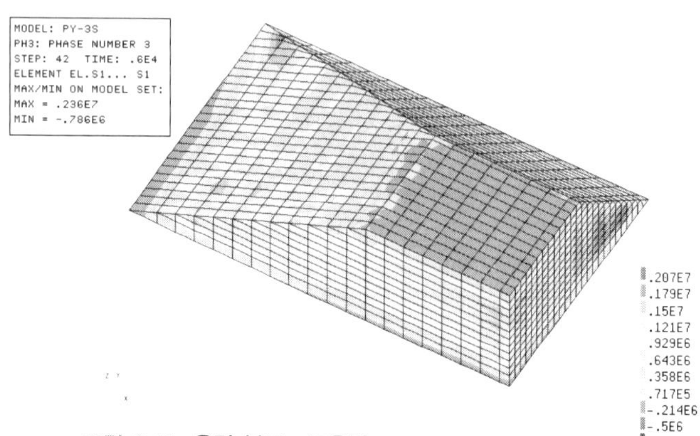

그림 9.12 **응력 분포 - 주응력**

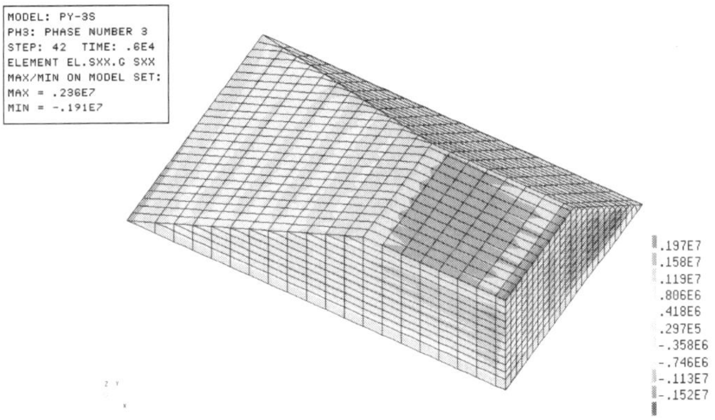

그림 9.13 **응력 분포 – σ_{xx}**

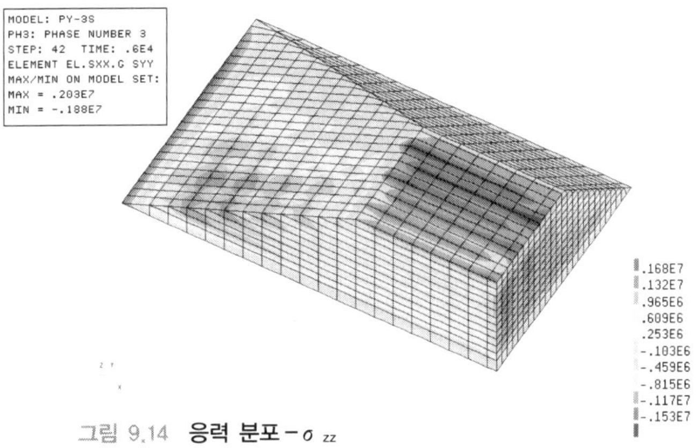

그림 9.14 **응력 분포 – σ_{zz}**

- 인천대교 페데스탈 수화열 해석 결과

온도 이력 곡선에서 관로식냉각이 종료되는 47일경에 온도의 저감이 둔화되는 것을 볼 수 있으며, 균열 지수 이력 곡선에서도 47일경에 응력의 변화가 있음을 알 수 있다. 관로식냉각으로 인하여 단면의 온도 경사의 차이가 줄어들어 초기의 내부 구속에 의한 응력은 미소하며, 파일 캡에 의한 외부 구속에 의한 응력이 지배적이고 모든 검토 위치에서 온도 균열 지수 1.0을 상회하는 결과로 CASE 2의 시공 계획으로 페데스탈 시공할 때 온도 균열에 대한 위험성은 적은 것으로 판단된다.

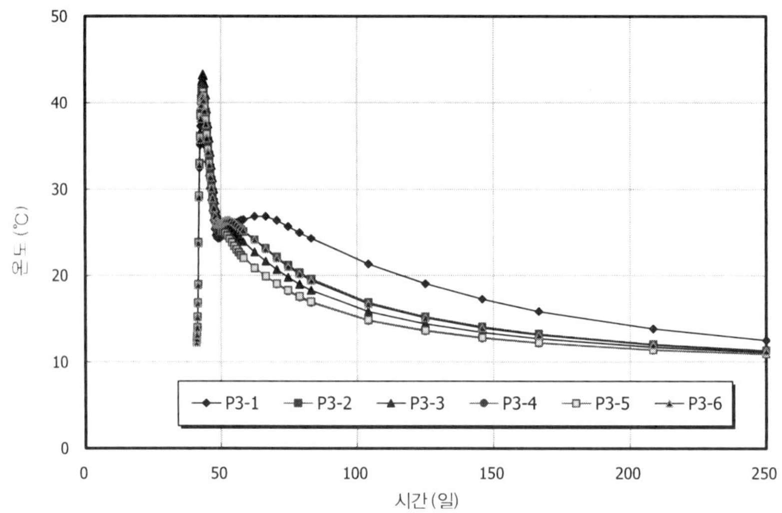

그림 9.15 온도 이력 곡선

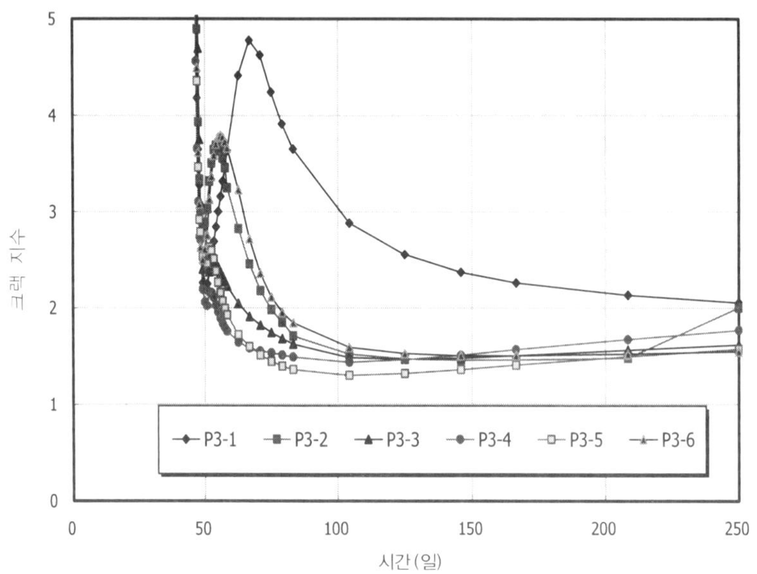

그림 9.16 온도 균열 지수이력

2) 시공 사례

인천대교 주탑부 페데스탈은 각뿔대 모양의 구조물로 파일 캡 타설을 완료하고 일정 양생 기간 경과 후 대형 해상 Batching Plant를 이용하여 콘크리트를 타설하였으며, 페데스탈의 온도 균열 제어를 위하여 저발열형 3성분계 시멘트의 사용과 함께 관로식냉각 실시 및 담수 양생을 하는 것으로 계획하였다. 표 9.6은 주탑 페레스탈 시공 계획을 정리한 것이고, 그림 9.17~9.20은 주탑 페레스탈의 시공 장면을 보여주고 있다.

페데스탈의 시공할 때 관로식냉각 실시 기간을 초기 계획된 7일 이상으로 하였으며, 입·출수 온도차가 3도 미만이 되는 시점에서 중단한 결과 외부 구속이 매우 큰 구조물임에도 유해 균열은 발생하지 않았고 일부 표면 및 모서리에서 표면 균열만 발생하였다.

표 9.6 주탑부 페데스탈 시공 계획

- 파일 캡 2단 타설 완료 후 양생 기간 경과 후에 타설
- 거푸집: 강재 거푸집 + 발포 스티로폼 50 mm + 양생포
- 양생 기간: 담수 양생 7일 / 거푸집 제거 시기 10일
- 쿨링 파이프: 표면하 400 mm부터 배관, 상하좌우 간격 800 mm
  입수 온도 15도 / 파이프 지름 1인치 주름관 / 냉각수 속도 0.6 m/sec

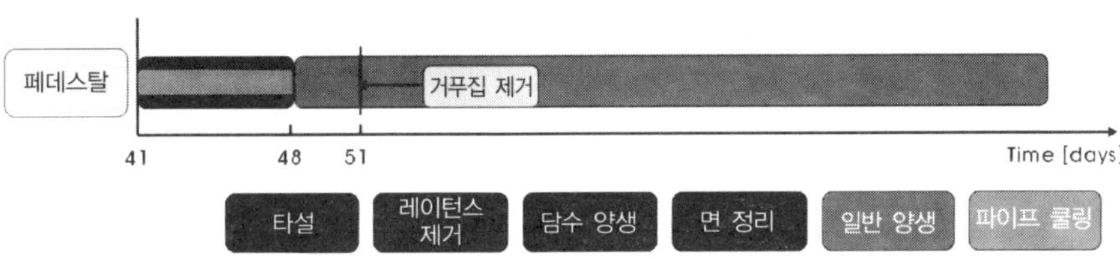

그림 9.17 **주탑 페데스탈 철근 조립**

그림 9.18 **주탑 페데스탈 거푸집 조립**

그림 9.19 **주탑부 페데스탈 콘크리트 타설**

그림 9.20 **주탑부 페데스탈 타설 완료**

9.2 거가대교

거가대교는 경남 거제시 장목면 유호리(거제도)와 부산광역시 천성동(가덕도)을 잇는 부산-거제간 연결도로 민자 투자사업으로 총 연장 8.2km, 왕복 4차로의 도로로서, 2개의 사장교를 포함하여 총 8개의 교량 4.5km 구간과 침매터널 3.7km 구간으로 구성되어 있다. 공사 방식은 Fast track 방식으로 2004년부터 2010년까지 총 6년의 기간 동안 공사가 수행되었다. 그림 9.21은 거가대교의 시공 개요를 보여주고 있다.

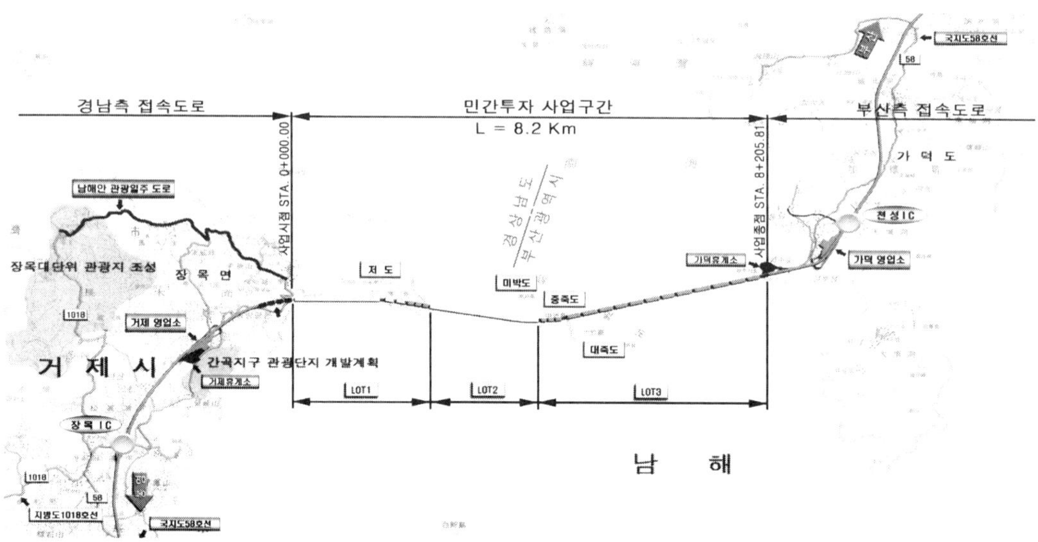

그림 9.21 **거가대교의 위치**

그림 9.22 **사장교 3주탑**

그림 9.23 **사장교 2주탑**

그림 9.24 **침매터널**

그림 9.22~9.24와 같이 거가대교는 2주탑 사장교와 3주탑 사장교 2량을 포함하여 총 8개의 교량과 중죽도와 저도에 각각 건설되는 터널, 중죽도와 가덕도 간을 연결하는 침매터널 구간으로 구성되어 있다.

거가대교는 매스 콘크리트에 해당하는 부분에 결합재 종류, 시공 간격, 타설 높이, 양생 조건, 선행 및 관로식냉각을 변수로 수화열 해석을 실시하여 EuroCode-2의 수화열에 의해 발생하는 인장응력에 대한 균열폭 검토를 통하여 모든 구조물이 허용 균열폭에 만족하는 시공 방안을 현장에 적용하여 초기 재령 콘크리트의 온도 균열을 제어하였다.

표 9.7 거가대교

구 분		연 장(m)	폭 원(m)	비 고
교량	접속 1교	458.5	20.5	왕복 4차로
	부예비교	676.0	22.0	왕복 4차로
	접속 2교	510.0	20.5	왕복 4차로
	접속 3교	330.0	20.5	왕복 4차로
	주예비교	919.0	24.0	3/2차로
	접속 4교	610.0	12.5 / 10.5	3/2차로
	저도 1, 2교	80.0 / 120.0	20.8	왕복 4차로
터널	중죽도-가덕도 (침매터널)	3,665.7	23.3	왕복 4차로
	저도	254.0	17.5	왕복 4차로
	중죽도	281.3	11.5 / 9.5	3/2차로
도로	토공	301.3	19.5	왕복 4차로
총 연장		8,205.8 m		

거가대교는 해양 구조물로써 철근 콘크리트에 유해한 영향을 미치는 요소들에 대해 100년 내구 연한을 확보하기 위한 배합설계를 실시하였다. 이로 인해 수화열 제어의 한 방법인 콘크리트 배합(결합재)의 조절로 수화열 및 온도 균열 제어를 실시할 수는 없으며, 거가대교 매스 콘크리트의 수화열 제어를 위해 양생 조건 및 분할 타설, 선행 및 관로식냉각을 고려한 선행 해석을 수행하여 시공에 반영하였다.

9.2.1 접속교 코핑부

코핑부의 설계기준강도는 40 MPa이고, 코핑부의 형상은 그림 9.25와 같다. 구조물의 형상은 길이 34 m, 폭 5.5 m, 높이 4.7 m이며, 지상에서 일체 타설로 제작 및 관로식냉각에 의한 온도 균열 제어를 실시하였다.

접속교 교각 코핑부의 관로식냉각은 선행된 수화열 해석 결과를 바탕으로 실시되었으며, 시공할 때 수화열 해석을 바탕으로 계획한 시공 조건을 따랐고, 접속교 교각 코핑부의 유해한 온도 균열은 발생하지 않았다. 표 9.8은 접속교 교각 코핑부 관로식냉각 조건을, 표 9.9는 배합조건을 정리한 것이다.

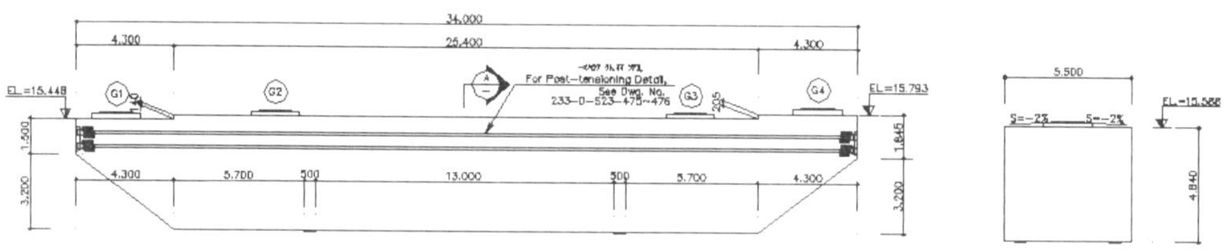

그림 9.25 선행 냉각 방법

표 9.8 접속교 교각 코핑부 관로식냉각 조건

파이프 배치 간격	좌우 650 mm(표면과 최외각 파이프간의 간격 225 mm) 상하 670 mm(표면과 최외각 파이프간의 간격 460 mm)
입출구간 파이프 길이	38~74m
파이프 직경 및 재료	외경 25.4 mm 강관
냉각수 유입 유량 (m^3/hr)	1.09 (유속 600 mm/sec)
냉각수 유입 온도 (℃)	10
냉각수 통수 기간	3일

표 9.9 접속교 코핑부 배합 조건

설계강도 (MPa)	결합재 종류	단위 결합재량 (kg/m^3)	물-결합재비 (%)
40	1종 보통 + FA + SF	422	32.5

그림 9.26 **접속교 코핑부**

그림 9.27 **접속교 코핑부 거푸집 및 철근조립**

그림 9.28 **접속교 코핑부 파이프 배치**

그림 9.29 **칠러**

9.2.2 침매터널

지상 제작장에서 제작하여 함체를 물에 띄운 채 원하는 위치까지 이동하여 준설선에 의해 미리 수중 굴착된 해상의 제 위치에 침설시킨 후 수중에서 함체들을 연결하고, 그 위에 토사 등으로 되메우기를 하여 터널을 완성하는 공법이다.

침매터널의 설계기준강도는 35 MPa이고 침매터널의 표준 단면은 그림 9.30과 같다.

침매터널의 거푸집은 5 mm 두께의 강판에 4 mm 두께의 GMT sheet가 부착된 형태이다. 바닥 슬래브와 상부 슬래브의 상부는 타설 초기부터 거적 또는 이에 상응하는 양생 재료로 보온 양생을 실시하며, 벽체의 외부 측면은 거푸집 제거 후 역시 거적으로 보온 양생을 실시한다. 하지만 벽체의 내부 측면과 상부 슬래브 하부는 시공상의 어려움으로 거푸집의 제거 후 특별한 양생을 실시하지 않으며, 콜드 조인트 방지와 기타 조건들을 고려하여 타설 구획간의 타설 시간차가 크지 않게 분할 타설하였다. 그리고 종방향 22.5 m 타설 블록의 거푸집 존치 기간은 5일로 하였다. 표 9.10은 침매터널의 배합 조건을, 그림 9.31과 9.32는 침매터널 제작 과정을 보여주고 있다.

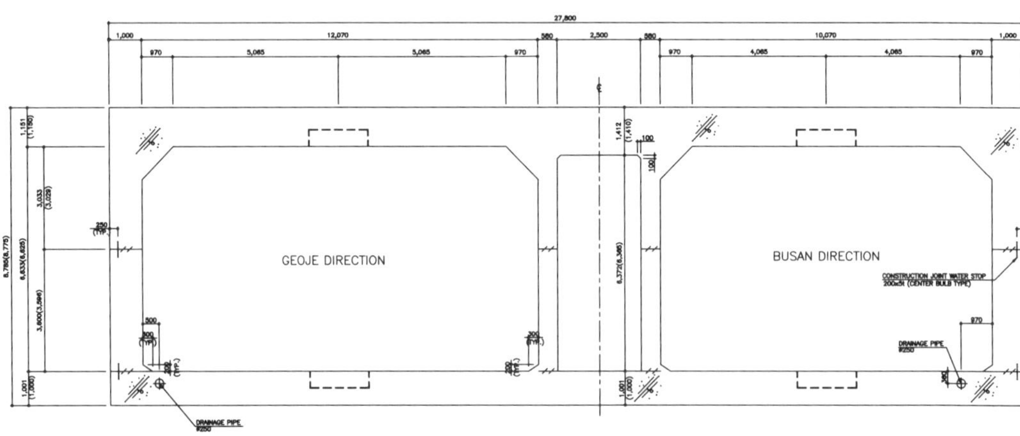

그림 9.30 **침매터널 표준 단면**

표 9.10 침매터널 배합 조건

설계강도 (MPa)	결합재 종류	단위 결합재량 (kg/m^3)	물-결합재비 (%)
35	슬래그 시멘트 + FA	391	35

그림 9.31 **침매터널 제작장**

그림 9.32 **침매터널 제작**

9.2.3 주탑부 케이슨 캡

1) 해석 사례

주탑 케이슨 캡 시공을 위해 시공 전 유한요소 프로그램을 이용한 수화열 해석을 실시하였으며, 시공 조건을 CSC1(일체 타설), CSC2(2회 분할 타설 : 2@2.5 m, 타설 간격 4일), CSC3(3회 분할 타설 : 3@1.667 m, 타설 간격 15일)로 구분하여 해석을 수행하고, 해석 결과 온도 균열에 가장 양호한 결과인 CSC2를 시공 방안으로 제시하였다.

주탑 케이슨 캡 수화열 해석할 때 콘크리트의 열적 및 역학적 특성은 실험과 콘크리트 표준시방서에 제시된 값들을 사용하였으며, 현장 조건을 최대한 반영하기 위해 타설 시기의 외기 온도, 콘크리트 타설 온도를 실제 시공할 때와 동일한 조건으로 해석 고려하였다.

표 9.11 주탑 케이슨 캡 배합 조건

설계강도 (MPa)	결합재 종류	단위 결합재량 (kg/m^3)	물-결합재비 (%)
40	1종 보통 + FA + SF	422	32.5

표 9.12 주탑 케이슨 캡 해석 모델링

3회 분할 타설(CSC3)	비고
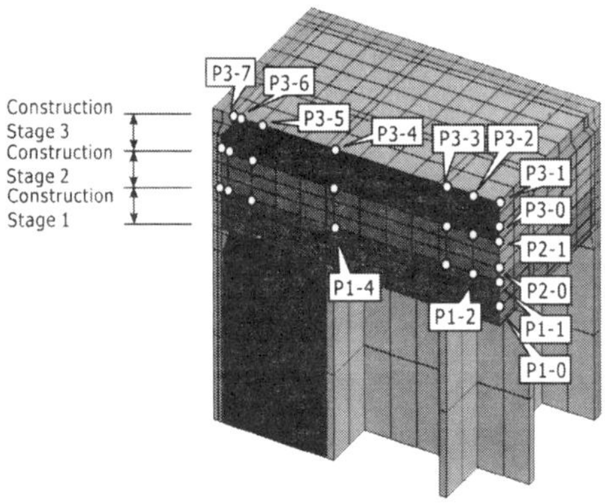	- 1/4모델 - 기 타설 : 케이슨(Green), 속채움(Blue), Blinding layer(Red) - 1차 타설(Violet), 2차 타설(Orange), 3차 타설(White) - 검토 위치 : 1회 타설 블록에서 높이 방향 2 point, 표면부 6 point = 총 8 point

- 거가대교 주탑 케이슨 캡 수화열 해석 온도 분포

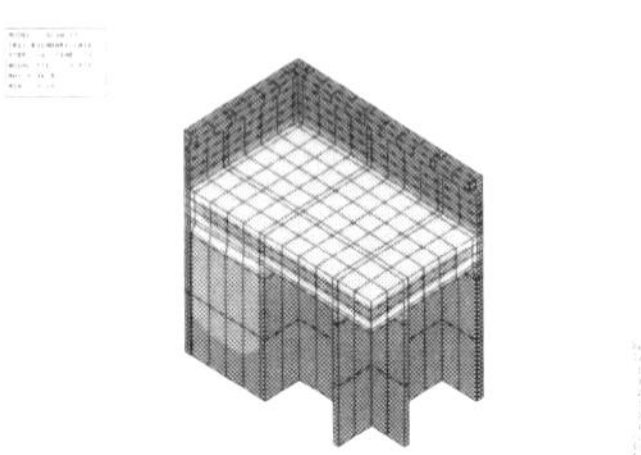

그림 9.33 **온도 분포 - 타설 후 70시간**

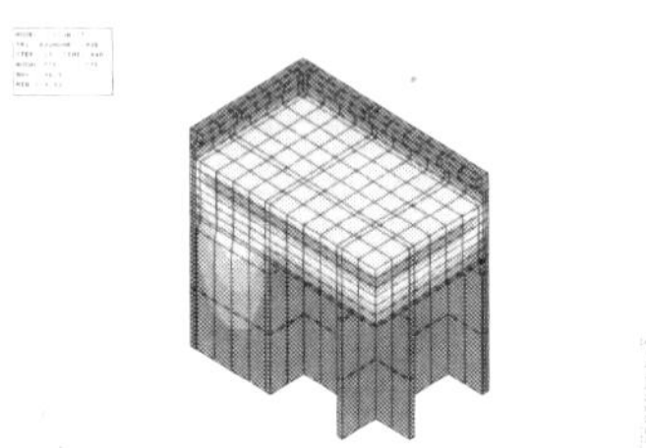

그림 9.34 **온도 분포 - 타설 후 440시간**

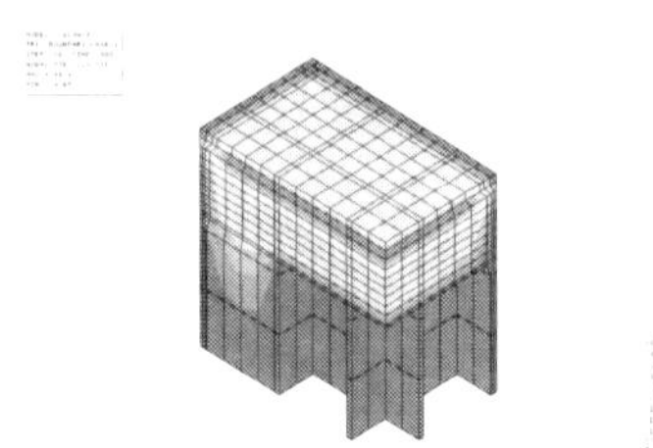

그림 9.35 **최대 온도 분포**

- 거가대교 주탑 케이슨 캡 수화열 해석 응력 분포

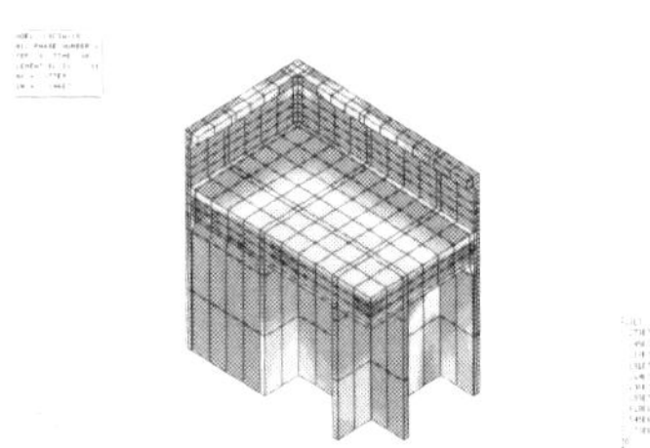

그림 9.36 **주인장응력 - 타설후 80시간**

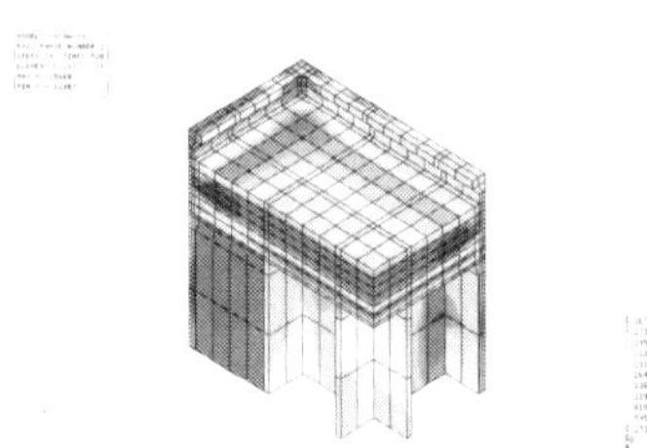

그림 9.37 **주인장응력 - 타설후 520시간**

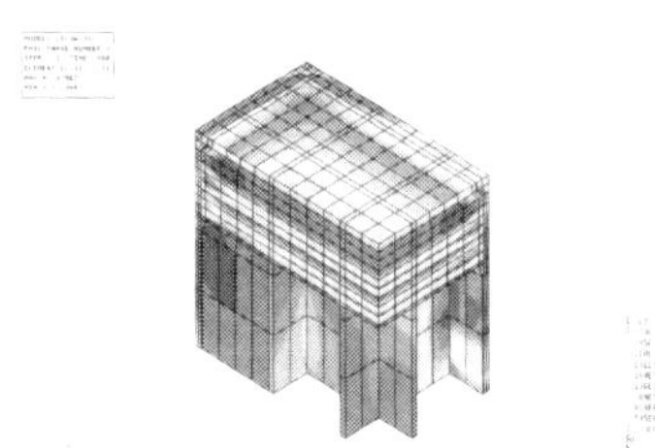

그림 9.38 **주인장응력 - 타설후 880시간**

- 인천대교 페데스탈 수화열 해석 결과

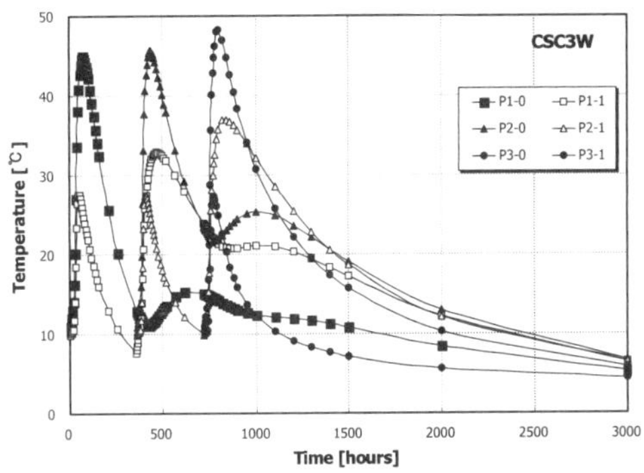

그림 9.39 **온도 이력 곡선**

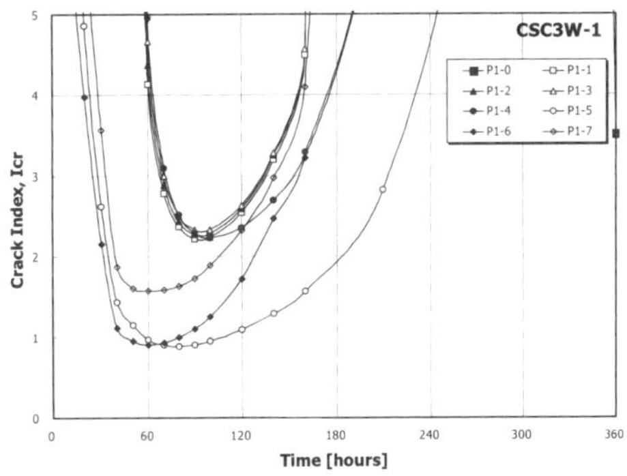

그림 9.40 **균열 지수 이력 곡선 CSC3W-1**

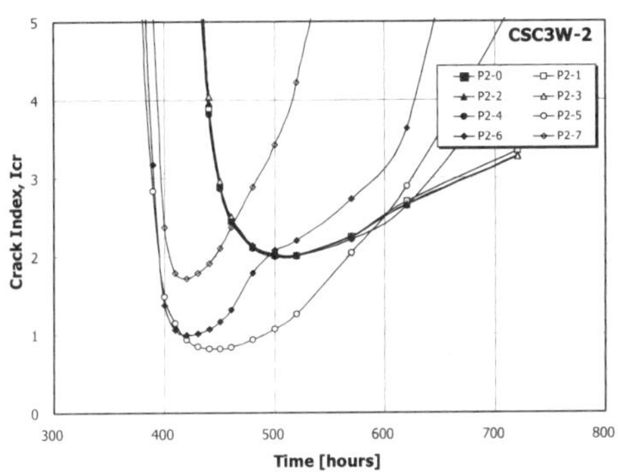

그림 9.41 **균열 지수 이력 곡선 CSC3W-2**

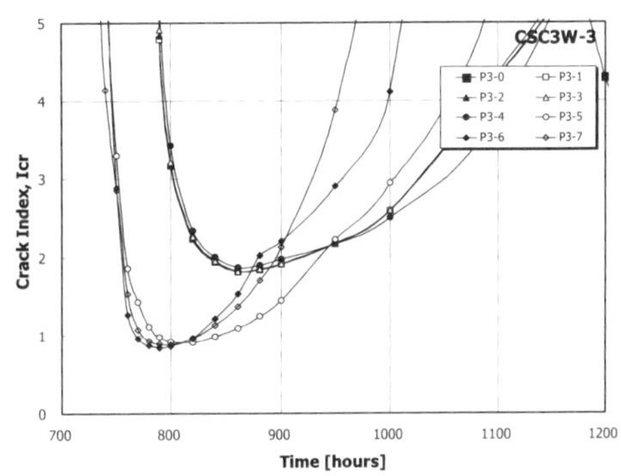

그림 9.42 **균열 지수 이력 곡선 CSC3W-3**

최대 상승 온도는 겨울철 타설 온도 10 ℃, 대기 온도 4 ℃인 경우 약 40 ℃ 정도 상승하여 48.2 ℃의 온도를 보이고 있다. 해석 결과 표면부 일부(케이슨 캡의 모서리와 가장자리인 P3-5, P3-6, P3-7 부분)에서 온도 균열 가능성이 있으나, 깊이에 따른 응력 분포를 볼 때 균열 깊이는 매우 작을 것으로 판단된다. 그 외 표면부의 대부분 영역에서 균열 지수를 1.0 이상 확보되는 것으로 판단되며, 이를 위하여 3회 분할 타설을 실시하고 해석에서 사용된 열전달률을 고려하여 양생 방법을 결정하여 습윤 상태를 유지하고 표면부 온도 강하를 줄이는 것이 온도 균열을 최소화하는 가장 효율적인 것으로 판단된다. 또한 분할 타설의 타설 간격은 외측 벽체의 균열 저감을 위하여 온도가 충분히 하강하는 시점인 15일 이후에 시공하는 것이 바람직하다.

온도 균열폭 계산 결과, 제안한 시공 방법인 CSC3의 경우 허용 균열폭 이내로 균열이 제어될 것으로 판단되며 균열 깊이는 30 mm로 계산되었다. 따라서 일부 균열이 발생하더라도 균열폭과 깊이가 작아 장기적인 내구성이 큰 문제가 없을 것으로 판단된다.

2) 시공 사례

주탑 케이슨 캡의 설계기준강도는 40 MPa이고, 형상은 27.1 m×16.2 m×5 m이다. 케이슨 캡 콘크리트의 배합은 케이슨의 기타 부위의 배합과 동일하며, 수화열 저감과 장기적인 내구성 확보를 목적으로 전체 시멘트양 중 플라이 애쉬(FA), 실리카 퓸(SF)을 치환한 것이 특징이다.

이미 타설한 케이슨 벽체 및 슬래브(Blinding layer)가 캡 콘크리트의 거푸집 역할을 수행하게 되며, 케이슨 캡 타설할 때 3회 분할 타설하였다.

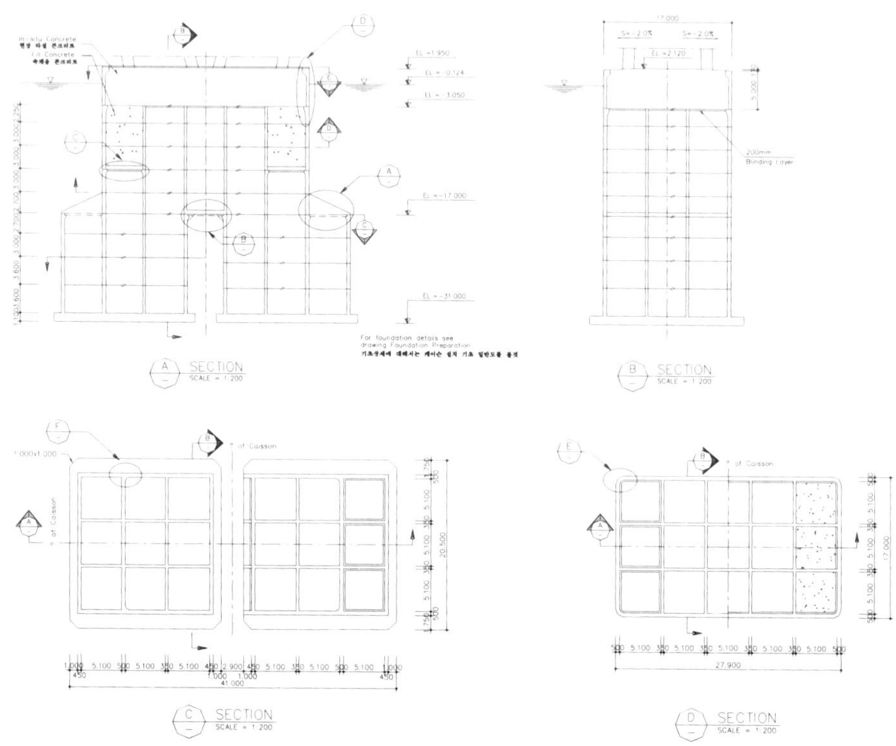

그림 9.43 **주탑 케이슨 및 캡 콘크리트**

그림 9.44 **주탑 케이슨**

그림 9.45 **주탑 케이슨 캡**

참/고/문/헌

1. 한국콘크리트학회, “콘크리트 표준시방서 해설”, 2009.
2. 한국콘크리트학회, “콘크리트 표준시방서 콘크리트 내구성편”, 2004.
3. 전세진 · 최명성 · 유재강 · 김용직 · 김영진, “중동지역 매스 및 서중콘크리트 품질 및 시공관리 적용 사례”, 콘크리트학회지, Vol.20 No.6, 2008. 11, pp.51~57.
4. 최고일 · 송필용 · 안상섭, “인천대교 기초 매스콘크리트의 수화열 제어 사례”, 콘크리트학회지, Vol.19 No.1, 2007. 1, pp.87~93.
5. 최명성 · 김윤용 · 우상균 · 김진근, “양생조건 · 외기온도 · 비등효과를 고려한 콘크리트 외기대류계수의 결정”, 콘크리트학회논문집, Vol.17 No.4, 2005. 8, pp551~558.
6. 김진근 · 이윤, “초기재령 매스콘크리트의 온도수축 예측 기술”, 콘크리트학회지, Vol.17 No.4, 2005. 1, pp.41~44.
7. 전상은 · 김국한 · 김진근 · 양주경, “유수대류계수에 관한 실험적 연구”, 콘크리트학회논문집, Vol15 No.2, 2003. 1, pp.314~323.
8. 전상은 · 김진근, “외기대류계수에 관한 실험적 연구”, 콘크리트학회논문집, Vol15 No.2, 2003. 1, pp305~313.
9. 오병환 · 신경준 · 차수원, “매스 콘크리트 구조물의 파이프 쿨링에 의한 냉각효과에 대한 분석”, 대한토목학회논문집, Vol.22 No.1-A, 2002. 1, pp.201~209.
10. 정철헌 · 박장호 · 이순환, “얼음과 냉각수를 이용한 콘크리트의 프리쿨링에 관한 연구”, 콘크리트학회논문집, Vol12 No.3. 2000. 1, pp95~102.
11. 오병환 · 유성원, “철근콘크리트 지하박스구조물의 수화열 온도균열제어를 위한 해석 및 적정 시공기법연구”, 대한토목학회논문집, Vol.19 No. I -4, 1999. 7, pp.457~467.
12. 김상철 · 강석화 · 김진근, “매스콘크리트 구조물에서의 시멘트 종류별 수화발열 특성 평가”, 콘크리트학회논문집, Vol.11 No.6, 1999. 1, pp.3~12.
13. 오병환 · 전세진 · 유성원, “매스 콘크리트 구조물의 연속 분할타설시 타설블록의 크기 및 타설순서를 고려한 합리적인 수화열 해석”, 콘크리트학회논문집, Vol.11 No.3, 1999. 1, pp.59~67.
14. 석천아미 · 강석화, “매스콘크리트의 온도 균열 제어대책-매스콘크리트 온도균열의 평가 방법과 해석 방법”, 콘크리트학회지, Vol.9 No.3, 1997. 6, pp.38~47.
15. 이장화, “매스콘크리트의 온도균열제어대책 주변환경조건을 고려한 온도이력 해석”, 콘크리트학회지, Vol.9 No.3, 1997. 6, pp.34~37.
16. 강원호 · 이광명, “매스콘크리트의 온도 균열 제어대책-매스콘크리트 구조물의 균열폭제어를 위한 철

근량 산정", 콘크리트학회지, Vol.9 No.3, 1997. 6, pp.24~33.
17. 김진근 · 양은익, "매스콘크리트의 수화열 및 온도 응력에 대한 영향 요인", 콘크리트학회지, Vol.9 No.3, 1997. 6, pp.15~23.
18. 강석화, "매스콘크리트의 온도균열 제어대책-매스콘크리트의 온도균열제어를 위한 시공방법", 콘크리트학회지, Vol.9 No.3, 1997. 6, pp.4~14.
19. 이장화 · 변근주, "매스콘크리트의 주변환경조건에 대한 수치실험", 콘크리트학회논문집, Vol.9 No.5, 1997. 1, pp.217~224.
20. 김진근, "콘크리트 구조물에서의 수화열", 대한토목학회지, Vol.44 No.9, 1996. 9, pp.47~56.
21. 김은겸 · 김래현 · 신치범, "파이프 쿨링에 의한 매스콘크리트 구조물의 온도해석", 대한토목학회논문집, Vol.16 No. I-4, 1996. 7, pp.369~376.
22. 이장화 · 변근주, "매스콘크리트 구조체의 주변환경을 고려한 온도이력 해석", 콘크리트학회논문집, Vol.9 No.4, 1996. 1, pp.191~199.
23. 강석화 · 정한중 · 박칠림, "매스콘크리트의 외부구속응력에 관한 검토", 콘크리트학회논문집, Vol.8 No.5, 1996. 1, pp.111~122.
24. 이장화 · 변근주, "매스 콘크리트 수화온도의 합리적 평가를 위한 실험 및 해석 연구", 대한토목학회논문집, Vol.15 No.2, 1995. 3, pp.337~346.
25. 김은겸 · 김래현 · 신치범, "유한요소법에 의한 매스콘크리트 구조물의 온도해석 프로그램 개발", Vol.7 No.6, 1995 .1, pp.167~175.
26. 강석화 · 정철헌 · 정한중 · 이용호, "매스콘크리트구조물의 온도응력평가에 관한 연구", 콘크리트학회논문집, Vol.7 No.2, 1995. 1, pp.126~135.
27. 강석화 · 정철헌 · 정한중 · 이용호, "유한요소법을 이용한 매스콘크리트의 수화열 및 온도응력 해석에 관한 연구", 콘크리트학회논문집, Vol.7 No.4, 1995. 1, pp.137~148.
28. 오병환 · 백신원 · 조양희, "매스콘크리트 구조의 열응력 해석에서의 크리프 및 건조수축 효과", 대한토목학회논문집, Vol.15 No.1, 1995. 1, pp.97~106.
29. 김진근 · 이종대, "크리이프를 고려한 매스콘크리트의 수화열에 대한 온도응력 해석", 대한토목학회논문집, Vol.13 No.4, 1994. 7, pp.771~781.
30. 장철헌 · 강석화 · 정한중 · 박칠림 · 오병환, "매스 콘크리트의 온도분포에 영향을 주는 주요 변수에 관한 연구", 콘크리트학회논문집, Vol.6 No.5, 1994. 1, pp.203~212.
31. 김진근 · 김국한, "크리이프와 건조수축영향을 고려한 매스콘크리트에서의 수화열에 대한 온도응력 해석", 콘크리트학회논문집, Vol.4 No.3, 1992. 1, pp.101~111.
32. 전세진 · 최명성 · 김영진, "내부구속에 의한 수화열 균열의 개선된 평가 방법", 콘크리트학회논문집, Vol.4 No.5, 2006.10, pp.677~685.
33. 양성철, "콘크리트재료의 열특성 및 수화열 해석", 콘크리트학회논문집, Vol.9 No.2, 1997. 4, pp.121~132.
34. 오병환 · 백신원, "대형콘크리트구조물의 수화열 예측 및 균열제어 연구", 콘크리트학회논문집, Vol.7

No.1, 1995. 1, pp.97~108.

35. Abrams, D. A., 1918, "Design of Concrete Mixtures", LS001, Structural Materials Research Laboratory, Lewis Institute and Portland Cement Association, Chicago, Ill., p.24.

36. ASCE, 2002, "Guidelines for Instrumentation and Measurements for Monitoring Dam Performance", American Society of Civil Engineers, New York.

37. ASTM, 2006, "Thermal Properties", Significance of Tests and Properties of Concrete and Concrete Making Materials, ASTM STP-169D, ASTM International, West Conshohocken, Pa., p.12.

38. Beaver, W., 2004, "Liquid Nitrogen for Concrete Cooling", Concrete International, V. 26, No. 9, Sept., pp.93~95.

39. Bogue, R. H., 1949, "Studies on the Volume Stability of Portland Cement Pastes", PCA Fellowship Paper No. 55, National Bureau of Standards, Washington, D. C.

40. Bombich, A. A. ; Norman, C. D., and Jones, H. W., 1987, "Technical Report SL-87-21, Thermal Stress Analysis of Mississippi River Lock and Dam 26", U. S. Army Corps of Engineers, p.325.

41. Burk, S. D., 1947, "Five-Year Temperature Records of a Thin Concrete Dam", ACI JOURNAL, Proceedings V. 44, No. 1, Jan., pp.65~76.

42. Cannon, R. W. ; Tuthill, L. ; Schrader, E. K. ; and Tatro, S. B., 1991, "Cement—Know When to Say When", Concrete International, V. 14, No. 1, Jan., pp.52~54.

43. Carlson, R. W., 1937, "Drying Shrinkage of Large Concrete Members", ACI JOURNAL, Proceedings V. 33, No. 3, Jan.-Feb. pp.327~336.

44. Carlson, R. W., 1970, "Manual for the Use of Strain Meters and Other Instruments for Embedment in Concrete Structures", Carlson Instruments, Campbell, Calif., p.24.

45. Carlson, R. W., 1979, Manual for the Use of Strain Metersand Other Instruments in Concrete Structures, Carlson Instruments, Campbell.

46. Carlson, R. W., and Thayer, D. P., 1959, "Surface Cooling of Mass Concrete to Prevent Cracking", ACI JOURNAL, Proceedings V. 56, No. 2, Aug., pp.107~120.

47. Carlson, R. W. ; Houghton, D. L. ; and Polivka, M., 1979, "Causes and Control of Cracking in Unreinforced Mass Concrete", ACI JOURNAL, Proceedings V. 76, No. 7, July, pp.821~837.

48. CCM, 1977, "Cooling Concrete Mixes with Liquid Nitrogen", Concrete Construction, V. 22, No. 5, May, pp.257~258.

49. Davis, R. E., 1963, "Historical Account of Mass Concrete", Symposium of Mass Concrete, SP-6, American Concrete Institute, Farmington Hills, Mich., pp.1~35.

50. Dusinberre, D. M., 1945, "Numerical Methods for Transient Heat Flow", Transactions, American Society of Mechanical Engineers, V. 67, Nov., pp.703~772.

51. Farny, J. A., and Kosmatka, S. H., 1997, "Diagnosis and Control of Alkali-Aggregate Reactions in Concrete", IS413, Portland Cement Association, Skokie, Ill., p.24.

52. Fitzgibbon, M. E., 1973, "Thermal Controls for Large Pours", Civil Engineering and Public Works Review (London), V. 68, No. 806, Sept., pp.784~785.
53. Forbes, B. A. ; Gillon, B. R. ; and Dunstun, T. G., 1991, "Cooling of RCC and Construction Techniques for New Victoria Dam, Australia", Proceedings, International Symposium on Roller-Compacted Concrete Dams, Beijing, pp.401~408.
54. Gamer, S., and Hammons, M., 1991, "Development and Implementation of Tune-Dependent Cracking Material Model for Concrete", Technical Report SL-91-7, USCAE Waterways Experiment Station, Vicksburg, Miss., p.44.
55. Ginzburg, T. G. ; Zinchenko, N. A. ; and Skuortsova, G. F., 1966, "Concrete for Krasnoyarsk Dam", Gidrotekhnecheskoe Stroitelstvo (Moscow), No. 2, pp.6~12. (in Russian)
56. Graham, J. R., 1978, "Design and Analysis of Auburn Dam—Volume Four, Dynamic Studies", U. S. Bureau of Reclamation, Denver, Colo.
57. Harboe, E. M., 1958, "Comparison of the Instantaneous and the Sustained Modulus of Elasticity of Concrete", Report No. C 854, U. S. Department of the Interior, Bureau of Reclamation, Denver, Colo., Mar. 20.
58. Harboe, E. M., 1961, "Properties of Mass Concrete in Bureau of Reclamation Dams", Report No. C-1009, Concrete Laboratory, U. S. Bureau of Reclamation, Denver, Colo., Dec., p.6.
59. Harboe, E. M., 1961, "Properties of Mass Concrete in Bureau of Reclamation Dams", Report No. C-1009, U. S. Department of the Interior, Bureau of Reclamation, Division of Engineering Laboratories, Concrete Laboratory Branch, Denver, Colo., Dec. 6.
60. Harris, D. W. ; Mohorovic, C. E. ; and Dolen, T. P., 2000, "Dynamic Properties of Mass Concrete Obtained from Dam Cores", ACI Materials Journal, V. 97, No. 3, May-June, pp.290~296.
61. Hess, J. R., 1992, "Rapid Load Strength Testing for Three Concrete Dams", Proceedings, Association of State Dam Safety Officials Annual Conference (Baltimore), Lexington, pp.187~94.
62. Higginson, E. C. ; Wallace, G. B. ; and Ore, E. L., 1963, "Effect of Maximum Size Aggregate on Compressive Strength of Mass Concrete", Symposium on Mass Concrete, SP-6, American Concrete Institute, Farmington Hills, Mich., pp.219~56.
63. Houghton, D. L., 1969, "Concrete Volume Change for Dworshak Dam", Proceedings, ASCE, V. 95, No. PO2, Oct., pp.153~166.
64. Houghton, D. L., 1970, "Measures Being Taken for Prevention of Cracks in Mass Concrete at Dworshak and Libby Dams", Transactions, 10th International Congress on Large Dams (Montreal), International Commission on Large Dams, Paris.
65. Houghton, D. L., 1972, "Concrete Strain Capacity Tests—Their Economic Implications", Proceedings, Engineering Foundation Research Conference, Pacific Grove, Calif., May, pp.75~99.
66. Houghton, D. L., 1976, "Determining Tensile Strain Capacity of Mass Concrete", ACI JOURNAL,

Proceedings V. 73, No. 12, Dec., pp.691~700.

67. Houghton, D. L., and Hall, D. J., 1972, "Elimination of Grout on Horizontal Construction Joints at Dworshak Dam", ACI JOURNAL, Proceedings V. 69, No. 3, Mar., pp.176~178.

68. Houk, I. E., Jr. ; Borge, O. E. ; and Houghton, D. L., 1969, "Studies of Autogenous Volume Change in Concrete for Dworshak Dam", ACI JOURNAL, Proceedings V. 66, No. 7, July, pp.560~568.

69. Hurd, M. K., 1995, Formwork for Concrete, SP-4, 6th Edition, American Concrete Institute, Farmington Hills, Mich., p.475.

70. ICOLD, 1964, Transactions, 8th International Congress on Large Dams, (Edinburgh), International Commission on Large Dams, Paris, V. 2.

71. Itaipu Binacional, 1981, "The Itaipu Hydroelectric Project, Design and Construction Features", Dec.

72. Klein, A. ; Pirtz, D. ; and Adams, R. F., 1963, "Thermal Properties of Mass Concrete During Adiabatic Curing", Symposium on Mass Concrete, SP-6, American Concrete Institute, Farmington Hills, Mich., pp.199~218.

73. Liu, T. C., and McDonald, J. E., 1978, "Prediction of Tensile Strain Capacity of Mass Concrete", ACI JOURNAL, Proceedings V. 75, No. 5, May, pp.192~197.

74. Mather, B., 1974, "Use of Concrete of Low Portland Cement Content in Combination with Pozzolans and Other Admixtures in Construction of Concrete Dams", ACI JOURNAL, Proceedings, V. 71, No. 12, Dec., pp.589~599.

75. McLean, F. G., and Pierce, J. S., 1988, "Comparison of Joint Shear Strength for Conventional and Roller-Compacted Concrete", Roller Compacted Concrete II Proceedings, ASCE, pp.151~169.

76. Milestone, N. B., and Rogers, D. E., 1981, "Use of an Isothermal Calorimeter for Determining Heats of Hydration at Early Ages", World Cement Technology (London), V. 12, No. 8, Oct., pp.374~380.

77. Neeley, B. D., and Poole, T. S., 1996, "Methods of Preparing Horizontal Construction Joints in Mass Concrete", TR SL-96-2, U. S. Army Engineer Waterways Experiment Station, Vicksburg, Miss., p.80.

78. Neeley, B. D. ; Poole, T. S. ; and Weiss, C. A., 1998, "Methods of Preparing Horizontal Construction Joints in Mass Concrete: Minimizing Laitance", TR SL-96-2, Report 2, U. S. Army Engineer Waterways Experiment Station, Vicksburg, Miss., p.48.

79. Neville, A. M., 1996, Properties of Concrete, John Wiley and Sons, Inc., p.844.

80. Pacellidede, A. ; Fontoura, J. R. F. ; Bittencourt, R. M. ; and Guerra, E. A., 1982, "Thermal Properties of Concrete for Some Brazilian Dams", ICOLD Congress, Rio de Janerio, Brazil, pp.1111~1137.

81. Polivka, M. ; Pirtz, D. ; and Adams, R. F., 1963, "Studies of Creep in Mass Concrete", Symposium on Mass Concrete, SP-6, American Concrete Institute, Farmington Hills, Mich., pp.257~285.

82. Polivka, R. M., and Wilson, E. L., 1976, "Finite Element Analysis of Nonlinear Heat Transfer Problems", SESM Report No. 76-2, University of California, Berkeley, p.98.

83. Portland Cement Association, 1979, "Concrete for Massive Structures", Publication No. IS128T, p.24.

84. Price, W. H., and Higginson, E. C., 1963, "Bureau of Reclamation Practices in Mass Concrete", Symposium on Mass Concrete, SP-6, American Concrete Institute, Farmington Hills, Mich., pp.77~87.
85. Raphael, J. M., 1984, "Tensile Strength of Concrete", ACI JOURNAL, Proceedings V. 81, No. 2, Mar.-Apr., pp.158~165.
86. Raphael, J. M., 1984, "Tensile Strength of Concrete", ACI JOURNAL, Proceedings V. 81, No. 2, Mar.-Apr., pp.158~165.
87. Rawhouser, C., 1945, "Cracking and Temperature Control of Mass Concrete", ACI JOURNAL, Proceedings V. 41, No. 4, Apr., pp.305~348.
88. Rhodes, J. A., 1978, "Thermal Properties", Significance of Tests and Properties of Concrete and Concrete Making Materials, STP-169B, ASTM International, West Conshohocken, Pa., pp.242~266.
89. Roush, K., and O"Leary, J., 2005, "Cooling Concrete with Embedded Pipes", Concrete International, V. 27, No. 5, May, pp.30~32.
90. Saucier, K. L., 1977, "Dynamic Properties of Mass Concrete", Miscellaneous Paper No. C-77-6,. U. S. Army Engineer Waterways Experiment Station, Vicksburg, Miss., June, p.24.
91. Schrader, E. K., 1987, "Control Heat for Better Concrete", Concrete Construction, V. 32, No. 9, Sept., pp.767~770.
92. Silveira, J. ; Carvalho, R. ; Paterno, N. ; and Kuperman, S., 1982, "Grouting of Contraction Joints in Concrete Structures at Aqua Vermelha Dam—Instrumentation and Behavior", Transactions, 14th International Congress on Large Dams (Rio de Janeiro, 1982), International Commission on Large Dams, Paris.
93. Steinour, H. H., 1960, "Concrete Mix Water—How Impure Can It Be?" Journal, PCA Research and Development Laboratories, V. 2, No. 3, Sept., pp.32~48.
94. Tatro, S. B., and Schrader, E. K., 1985, "Thermal Considerations for Roller-Compacted Concrete", ACI JOURNAL, Proceedings V. 82, No. 2, Mar.-Apr., pp.119~128.
95. Tatro, S. B., and Schrader, E. K., 1985, "Thermal Considerations for Roller-Compacted Concrete", ACI JOURNAL, Proceedings, V. 82, No. 2, Mar.-Apr., pp.119~128.
96. Tatro, S. B., and Schrader, E. K., 1992, "Thermal Analysis of RCC—A Practical Approach", Roller Compacted Concrete—III, ASCE, New York.
97. Tatro, S. B., and Schrader, E.K., 1992, "Thermal Analysis of RCC—A Practical Approach", Roller Compacted Concrete—III, American Society of Civil Engineers, New York, Feb.
98. Tennessee Valley Authority, 1939, "The Norris Project", Technical Report No. 1, Knoxville, Tenn. Tuthill, L. H., 1943, "Developments in Methods of Testing and Specifying Coarse Aggregate", ACI JOURNAL, Proceedings V. 39, No. 1, Sept., pp.21~32.
99. Troxell, G. E., and Davis, H. E., 1956, Composition and Properties of Concrete, MacGraw-Hill Book Co., New York, p.236.

100. Turton, C. D., 1977, "Practical Means of Control of Early Thermal Cracking in Reinforced Concrete Walls", paper presented at ACI Fall Convention, New Orleans.

101. Tuthill, L. H., 1950, "Inspection of Mass and Related Concrete Construction", ACI JOURNAL, Proceedings V. 46, No. 5, Jan., pp.349~359.

102. Tuthill, L. H., 1953, "Vibration of Mass Concrete", ACI JOURNAL, Proceedings V. 49, No. 10, June, pp.921-932.

103. Tuthill, L. H., 1967, "Advanced Concrete Practices", Civil Engineering, ASCE, V. 37, No. 7, July, pp.40~44.

104. Tuthill, L. H., 1980, "Better Grading of Concrete Aggregates", Concrete International, V. 2, No. 12, Dec., pp.49~51.

105. Tuthill, L., and Adams, R. F., 1972, "Cracking Controlled in Massive, Reinforced Structural Concrete by Application of Mass Concrete Practices", ACI JOURNAL, Proceedings V. 69, No. 8, Aug., pp.481~491.

106. Tynes, W. O., and McCleese, W. F., 1973, "Evaluation of High-Pressure Water Jet and Joint Preparation Procedures", Technical Report No. 6-518, Report 4, U. S. Army Engineer Waterways Experiment Station, Vicksburg, Miss., p.22.

107. U.S. Army Corps of Engineers (USACE), 1959, "Investigation of Methods of Preparing Horizontal Construction Joints in Concrete", Technical Report No. 6-518, Report 1, U. S. Army Engineer Waterways Experiment Station, Vicksburg, Miss., p.28.

108. U. S. Army Corps of Engineers, 1949, Handbook for Concrete and Cement, Waterways Experiment Station, Vicksburg, Miss. (supplements issued quarterly)

109. U. S. Army Corps of Engineers, 1966, "Concrete Aggregate Properties Investigations, Design Memorandum No. 16", 15 July 1965 (revised 17 November 1966).

110. U. S. Army Corps of Engineers, 1980, "Standard Test Method for Ultimate Tensile Strain Capacity of Concrete", CRD-C71-80, Mar.

111. U. S. Army Corps of Engineers, 1994, "Nonlinear Incremental Structural Analysis of Massive Concrete Structures", ETL 1110-1-365.

112. U. S. Bureau of Reclamation (USBR), 1949, "Cooling of Concrete Dams: Final Reports, Boulder Canyon Project, Part VII—Cement and Concrete Investigations", Bulletin No. 3, Denver, Colo., p.236.

113. U. S. Bureau of Reclamation, 1940, "Thermal Properties of Concrete, Boulder Canyon Project Final Reports, Part VII, Bulletin 1", U. S. Department of the Interior, Denver, Colo.

114. U. S. Bureau of Reclamation, 1961, "Properties of Mass Concrete in Bureau of Reclamation Dams", Concrete Laboratory Report No. C-1009, U. S. Department of the Interior, Denver, Colo., Dec.

115. U. S. Bureau of Reclamation, 1965, "Control of Cracking in Mass Concrete Structures", Engineering

Monograph No. 34, U. S. Department of the Interior, Denver, Colo.

116. USACE, 1963a, "Investigation of Methods of Preparing Horizontal Construction Joints in Concrete", Technical Report No. 6-518, Report 2, U. S. Army Engineer Waterways Experiment Station, Vicksburg, Miss., p.20.

117. USACE, 1963b, Handbook for Concrete and Cement, www.ccb.org.

118. USACE, 1980 (with Change 1 1987), "Instrumentation for Concrete Structures", EM 1110-2-4300, Department of the Army, Corps of Engineers, Washington, D. C.

119. USACE, 1980, "Instrumentation for Concrete Structures", EM 1110-2-4300, Sept.

120. USACE, 1990, "Gravity Dam Design", EM 1110-2-2200, Sept.

121. USACE, 1994a, "Nonlinear, Incremental Structural Analysis of Massive Concrete Structures", ETL 1110-1-365, Aug.

122. USACE, 1994b, "Standard Practice for Concrete for Civil Works Structures", EM 1110-2-2000, Feb.

123. USACE, 1995, "Instrumentation of Embankment Dams and Levees", EM 1110-2-1908.

124. USACE, 1997, "Engineering and Design—Thermal Studies of Mass Concrete Structures", ETL 1110-2-542 Department of the Army, Corps of Engineers, Washington, D. C., May.

125. USACE, 1997, "Engineering and Design—Thermal Studies of Mass Concrete Structures", ETL 1110-2-542, May.

126. USBR Procedure No. USBR-4915, Concrete Manual, Part 2, 9th Edition, U. S. Department of the Interior, Bureau of Reclamation, Materials Engineering Branch, Denver, Colo.

127. USBR, 1958, "Properties of Mass Concrete in United States and Foreign Dams", Report No. C-880, Concrete Laboratory, Denver, Colo., July, p.3.

128. USBR, 1976, "Design of Gravity Dams", Bureau of Reclamation, U. S. Government Printing Office, Washington, D. C., p.553.

129. USBR, 1976, "Design of Gravity Dams", Denver, Colo., p.553.

130. USBR, 1981, "Control of Cracking in Mass Concrete Structures", Engineering Monograph No. 34, Denver, Colo., p.71.

131. USBR, 1987, Concrete Dam Instrumentation Manual, Denver, Colo., Oct., p.153.

132. USBR, 1992, "Direct Shear of Cylindrical Concrete Specimens".

133. USBR, 2001, Concrete Manual, Denver, Colo., May, p.680.

134. USSD, 2002, "General Guidelines for Automated Performance Monitoring of Dams", United States Society on Dams, Denver, Colo.

135. Verbeck, G J., and Foster, C. W., 1950, "Long-Time Study of Cement Performance in Concrete. Chapter 6—The Heats of Hydration of the Cements", Proceedings, ASTM, V. 50, pp.1235~1262.

136. Waddell, J. J., 1974, Concrete Construction Handbook, 2ndEdition, McGraw-Hill Book Co., New York, Chapter 20.

137. Wallace, G. B., and Ore, E. L., 1960, "Structural and Lean Mass Concrete as Affected by Water-Reducing, Set-Retarding Agents", Symposium on Effect of Water-Reducing Admixtures and Set-Retarding Admixtures on Properties of Concrete, STP-266 ; ASTM International, West Conshohocken, Pa., pp.38~96.
138. Warner, J., 2004, Practical Handbook of Grouting Soil, Rock and Structures, John Wiley and Sons, Inc., New York, p.700.
139. Wilson, E. L., 1968, "The Determination of Temperatures within Mass Concrete Structures", SESM Report No. 68-17, Structures and Materials Research, Department of Civil Engineering, University of California, Berkeley, Calif., Dec., pp.1~33.

KCI 204 – 매스콘크리트위원회

위원장	차수원	울산대학교 교수
간 사	전세진	대우건설기술연구원 책임연구원
	강석화	동양시멘트(주)연구소 소장
위 원	고경택	한국건설기술연구원 선임연구원
	권승희	명지대학교 교수
	김상철	한서대학교 교수
	김윤용	충남대학교 교수
	김은겸	서울산업대학교 교수
	백신원	한경대학교 교수
	양은익	강릉대학교 교수
	양인환	군산대학교 교수
	양주경	청운대학교 교수
	이칠성	감사원 사무관
	전상은	삼성물산(주) 건설부문 과장
	정철헌	단국대학교 교수
	조윤구	현대건설기술연구소 책임연구원
	조호진	대림산업(주) 기술연구소 선임연구원
	하재담	쌍용양회공업기술연구소 책임연구원
	한상훈	한국해양연구원 선임연구원

콘크리트 실무 매뉴얼

매스콘크리트 온도균열제어

2010년 12월 30일 1판 1쇄 발행
2015년 9월 20일 1판 2쇄 발행

저 자 사단법인 한국콘크리트학회
서울특별시 강남구 역삼동 635-4
한국과학기술회관 신관 1009호
TEL. 568-1985~7
FAX. 568-1918
http : // www.kci.or.kr

발 행 인 김진근

발 행 처 사단법인 한국콘크리트학회

보 급 처 기문당
서울시 성동구 무학봉 28길 4-1
TEL. 2295-6171(代)~5
FAX. 2296-8188

출판등록 1976. 10. 7 (1-44)

홈페이지 http : // 기문당
http : // www.kimoondang.com

I S B N 978-89-6225-336-8 93540

정 가 13,000원